Java Web应用开发技术

陈静娴 著

黑龙江大学出版社
HEILONGJIANG UNIVERSITY PRESS
哈尔滨

图书在版编目 (CIP) 数据

Java Web 应用开发技术 / 陈静娴著 . –– 哈尔滨：
黑龙江大学出版社 , 2022.8

ISBN 978–7–5686–0859–6

Ⅰ . ① J… Ⅱ . ①陈… Ⅲ . ① JAVA 语言 – 程序设计
Ⅳ . ① TP312.8

中国版本图书馆 CIP 数据核字（2022）第 157024 号

Java Web 应用开发技术
Java Web YINGYONG KAIFA JISHU

陈静娴　著

责任编辑	高　媛	
出版发行	黑龙江大学出版社	
地　　址	哈尔滨市南岗区学府路 74 号	
印　　刷	北京亚吉飞数码科技有限公司	
开　　本	710 × 1000　1/16	
印　　张	15.5	
字　　数	246 千字	
版　　次	2023 年 6 月第 1 版	
印　　次	2023 年 6 月第 1 次印刷	
书　　号	ISBN 978–7–5686–0859–6	
定　　价	86.00 元	

前　言

　　Java 是当前程序开发中最流行的编程语言之一,使用它可以开发桌面应用、网站程序、手机和电子设备程序等,尤其是在 Web 程序开发方面,Java 跨平台的优越性体现得更加淋漓尽致。近年来,Java Web 框架技术层出不穷,体现了 Java 在 Web 方面强大的生命力。

　　本书是笔者在总结多年应用开发实践、教学经验的基础上撰写的。本书针对 Java Web 开发编程进行了详细的讲解,以简单通俗易懂的案例,逐步引领读者对各个知识点进行学习。本书涵盖了 Java Web 技术、Servlet 技术、JSP 技术、JSTL、JDBC、Web 容器安全管理、Spring 和 Spring Boot 等。

　　全书共分十章。第一章 Java Web 技术概述,包括 Web 应用概述、Java Web 开发模式、应用服务器、服务器安装、测试和开发环境搭建。第二章 Servlet 技术,包括 Servlet 技术概述、Servlet 的建立与注释配置、生命周期、常用对象及其方法,JSP 与 Servlet 的数据共享、JSP 与 Servlet 的关联关系。第三章 Servlet API、过滤器与监听器,包括 Servlet API、Servlet 过滤器和 Servlet 监听器。第四章 JSP 技术,包括 JSP 技术概述、JSP 基本语法、JSP 指令、JSP 内置对象、JSP 异常处理和相关应用技术。第五章使用 JSTL,包括 JSTL 概述、JSTL 的下载与配置、JSTL 常用标签、JSTL 数据库标签库和 JSTL 函数标签库。第六章整合数据库,包括 JDBC 概述、数据库的安装与配置、连接数据库、数据库高级操作和数据库连接池技术。第七章 Web 容器安全管理,包括理解 HTTP 验证机制、在 Tomcat 中使用声明式安全机制和防范 SQL 注入。第八章 Spring 起步,包括 Spring 概述、Spring IoC 容器的相关概念、Spring 核心容器和 Spring 高级技术。第九章 Spring Boot 介绍,包括 Spring Boot 概述、Spring Boot 整体架构、Spring Boot 原理初步分析和 Spring Boot 核心技术。第十章 Spring MVC 介绍,包括 Spring MVC

概述、Controller 接口、Spring MVC 应用和视图解析器。

本书具有以下几个特色：

（1）案例经典实用。本书选用的案例均比较经典，具有很强的可操作性及很宽的适用范围。

（2）技术覆盖主流。本书涵盖了进行 Java Web 开发的基本理论知识，涉及的技术覆盖了当前大部分主流的应用开发技术（如 Servlet 技术、JSP 技术、JDBC、Spring 和 Spring Boot 等）。

（3）语言通俗易懂。笔者在行文中追求朴实易懂，在写作时充分站在读者的角度来描述问题。在进行每一个案例分析时，都给出详尽的步骤分析。

（4）结构主次分明。本书着重讲解开发中常用的技术，使读者在学习中首先掌握最关键的开发技术，而不为技术难题所困扰，当读者逐步熟悉开发所使用的技术后，便可很容易地解决开发中遇到的难题。

本书写作过程中参考了大量文献，在此向这些文献作者表示衷心感谢。由于笔者水平有限，书中难免存在不妥之处，恳请广大读者和同行给予批评指正。

本书为海南省教育科学“十三五”规划 2020 年度课题（课题名称：任务驱动下的《Java Web 开发》双线混融教学研究与探索，编号：QJY20201015）的成果。

陈静娴

2022 年 4 月

目　　录

第一章 Java Web 技术概述

随着网络技术的迅猛发展,国内外的信息化建设已经进入以 Web 应用为核心的阶段。与此同时,Java 语言也在不断完善优化,使其自身更适合开发 Web 应用。为此,越来越多的程序员或是编程爱好者走上了 Java Web 应用开发之路。本章主要对 Web 应用程序的工作原理、Web 应用技术、Java Web 开发模式、Java Web 应用服务器、Java Web 开发环境搭建等内容进行详细介绍。

第一节 Web 应用概述

Web 服务器也称为 WWW(world wide web)服务器,主要功能是提供网上信息浏览服务,比如 B/S 结构中的 Web 服务器。而 C/S 结构中的服务器一般称为应用程序服务器,它通过各种协议(可以包括 HTTP)把商业逻辑暴露给客户端应用程序。

通俗地讲,Web 服务器传送页面使浏览器可以浏览页面,而应用程序服务器提供的是客户端应用程序可以调用的方法(常用的就是客户端构造一些在服务端执行的命令行,通过通信传递给服务端,然后执行)。确切地说,Web 服务器专门处理 HTTP 请求(request),但是应用程序服务器是通过很多协议为应用程序提供商业逻辑的。

互联网中有数以亿计的网站,用户可以通过浏览这些网站获得所需要的信息。例如,用户在浏览器的地址栏中输入"http://www.baidu.com/",浏览器就会显示百度的首页,从中可以搜索相关的信息,那么百度首页的内容和搜索引擎的功能是存放在哪里的呢?它们是存放在百度网站服务器上的,所谓服务器就是网络中的一台主机,由于它提供

Web、FTP 等网络服务,因此称其为服务器。

用户的计算机又是如何将存在于网络服务器上的网页显示在浏览器中的呢? 当用户在地址栏中输入百度网址(网址又称为 URL,即"统一资源定位符")的时候,浏览器会向百度网站的服务器发送请求,这个请求使用 HTTP 协议,其中包括请求的主机名、HTTP 版本号等信息。服务器在收到请求信息后,将回复的信息(一般是文字、图片等网页信息,也就是 HTML 页面)准备好,再通过网络发回给客户端浏览器。客户端浏览器在接收到服务器传回的信息后,将其解释并显示在浏览器的窗口中,这样用户就可以进行浏览了。在这个"请求响应"的过程中,如果在服务器上存放的网页为静态 HTML 网页文件,服务器就会原封不动地返回网页的内容,如果存放的是动态网页,如 JSP、ASP、ASP.NET 等文件,则服务器会执行动态网页,执行的结果是生成一个 HTML 文件,然后再将这个 HTML 文件发送给客户端浏览器。

Web 应用程序通常由大量的页面、资源文件、部署文件等组成,组成网站的大量文件之间通过特定的方式进行组织,并且由一个软件系统来管理这些文件。管理这些文件的软件系统通常称为应用服务器,它的主要作用就是管理网站的文件。网站的文件通常有以下几种类型。

(1)网页文件,主要是提供用户访问的页面,包括静态的和动态的,其是网站中最重要的部分,如 .html、.jsp 等。

(2)网页的格式文件,可以控制网页信息显示的格式、样式,如 .css 等。

(3)资源文件。网页中用到的图形、声音、动画、资料库以及各式各样的软件。

(4)配置文件。用于声明网页的相关信息、网页之间的关系,以及对所在运行环境的要求等。

(5)处理文件。用于对用户的请求进行处理,如供网页调用、读写文件或访问数据库等。

在开发 Web 应用程序时,通常需要应用客户端和服务器端两方面的技术。其中,客户端应用的技术主要用于展现信息内容,目前比较常用的客户端技术包括 HTML 语言、CSS、Flash 和客户端脚本技术。服务器端应用的技术,则主要用于进行业务逻辑的处理和与数据库的交互等,目前比较常用的服务器端技术主要有 CGI、ASP、PHP、ASP.NET 和 JSP。

第二节　Java Web 开发模式

一个 Java Web 应用程序是由很多不同的"组件"构成的，各组件之间是如何"通信"的？又是如何实现控制的？信息是如何提交和显示的？这些构成了 Java Web 应用程序的开发模式。

一、单纯的 JSP 页面开发模式

在 Java Web 中最简单的一种开发模式是通过应用 JSP 中的脚本标签，直接在 JSP 页面中实现各种功能，称为"单纯的 JSP 页面编程模式"。

单纯的 JSP 页面编程模式就是只用 JSP 技术设计 Web 应用程序，含有数据库操作的 Web 程序是 JSP＋JDBC 相结合的技术，其体系结构如图 1－1 所示。

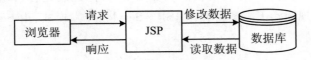

图 1－1　JSP＋JDBC 相结合的编程技术

虽然这种模式很容易实现，而且在小型的项目中，这种方式是最为方便的，但是其缺点也是非常明显的。因为将大部分的代码与 HTML 代码混淆在一起，会给程序的维护和调试带来很多困难。为此，在下一节讨论 JSP＋JavaBean 开发模式。

二、JSP＋JavaBean 开发模式

在开发 Java Web 应用程序时，将 JSP 和 JavaBean 结合起来，形成 JSP＋JavaBean 开发模式，也称为 JSP model－1 模式。

JSP＋JavaBean 开发模式是 JSP 程序开发的经典设计模式之一，其体系结构如图 1－2 所示。

采用这种体系结构,将要进行的业务逻辑封装到 JavaBean 中,在 JSP 页面中通过动作标签来调用这个 JavaBean 类,从而执行这个业务逻辑。此时的 JSP 除了负责部分流程的控制外,大部分用来进行页面的显示,而 JavaBean 则负责业务逻辑的处理。从图 1－2 可以看出,该模式具有一个比较清晰的程序结构。该模式适合小型或中型 Web 程序的设计开发。

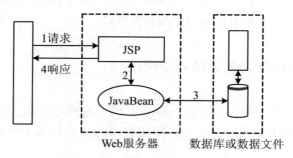

图 1－2　JSP model－1 模式

但是,采用这种模式设计的应用程序 JSP 不但需要用来进行页面的显示,还需要负责流程的控制。那么,流程的控制是否可以由另外的组件来实现呢?下一节将介绍 JSP＋Servlet 开发模式,由 Servlet 实现流程的控制。

三、JSP＋Servlet 开发模式

在 JSP＋JavaBean 开发模式中,JavaBean 提供了业务处理,而 JSP 却具有两个职责:一是调用执行业务逻辑并负责流程的控制;二是信息的显示和提交。现将 JSP 的两个职责独立,让 JSP 只负责数据的输入(提交请求)和输出(显示请求结果),而业务逻辑和流程的控制由 Servlet 完成,从而形成 JSP＋Servlet 开发模式。

JSP＋Servlet 开发模式中,JSP 只负责信息的显示,而业务逻辑处理及其流程控制由 Servlet 实现,其体系结构和流程如图 1－3 所示。

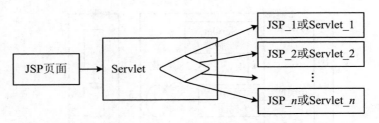

图 1 - 3　JSP＋Servlet 开发模式体系结构

JSP＋Servlet 开发模式的处理流程是：

(1)客户端在 JSP 页面中,通过表单提交数据后,进入指定的 Servlet。

(2)在 Servlet 中获取提交的信息,进行业务逻辑处理,当处理完成后转向(或重定位)到新的 JSP 页面或新的 Servlet。

(3)新的 JSP 页面(或新的 Servlet)实现信息显示或继续处理信息。

对于 JSP＋Servlet 开发模式,JSP 只负责信息的提交和显示,所有的业务逻辑处理和控制由 Servlet 实现,体现了各组件功能的分工,便于应用程序的分析和设计。

对于该模式,Servlet 负责了应用程序的所有业务逻辑处理和控制处理,所设计的组件复杂。

四、JSP＋Servlet＋JavaBean 开发模式

将 JSP＋Servlet 模式与 JSP＋JavaBean 模式相结合,使业务逻辑处理由 JavaBean 实现,使控制逻辑由 Servlet 实现,而 JSP 只完成页面的展示,从而形成 JSP＋Servlet＋JavaBean 开发模式,该模式常称为 JSP 的 model - 2 设计模式。

JSP＋Servlet＋JavaBean 开发模式吸取了 JSP＋Servlet 与 JSP＋JavaBean 两种模式各自突出的优点结合而成,完全实现了不同组件的功能分工协作,其体系结构如图 1-4 所示。

用 JSP 技术实现信息的提交和显示,用 Servlet 技术实现控制逻辑,用 JavaBean 技术实现业务逻辑处理。将一个系统的功能分为三种不同类型的组件,这种模式常称为 MVC 模式。

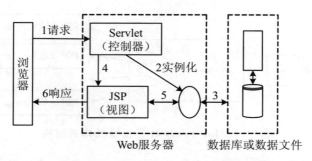

图 1 - 4　JSP＋Servlet＋JavaBean 开发模式的体系结构

五、JSP＋Servlet＋JavaBean＋DAO 开发模式

前面介绍的数据库操作中,大多是直接利用 SQL 语句,即利用关系数据库实现数据库的操作,对于 Java 语言或 JSP,在实现数据库操作时,可以采用将数据库和普通的 Java 类映射,将数据库转换为类(对象),然后利用对象实现对数据库的操作。DAO 模式实现了把数据库的操作转化成对 Java 类的操作,从而提高了程序的可读性以及实现了更改数据库的方便性。

DAO 模式是进行 Java 数据库开发的最基本的设计模式,就是把对数据库的操作转化为对 Java 类的操作。

DAO 模式最多是与 JDBC、SQL、Hibernate 等数据库结合在一起一同使用。其架构图如图 1 - 5 所示。

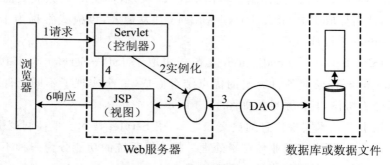

图 1 - 5　JSP＋Servlet＋JavaBean＋DAO 开发模式

在系统设计中,采用 DAO 模式的主要优点如下:

(1)抽象出数据访问方式(增、删、改、查等),在访问数据源(数据库)时,完全感觉不到数据源(数据库)的存在。

(2)将数据访问集中在独立的一层,所有数据访问都由 DAO 代理,从而将数据访问的实现与系统的其余部分剥离。

第三节　Java Web 应用服务器

Java Web 应用服务器是运行及发布 Java Web 应用的容器,只有将开发的 Web 项目放置到该容器中,才能使网络中的所有用户通过浏览器进行访问。开发 Java Web 应用所采用的服务器主要是与 JSP/Servlet 兼容的 Web 服务器,比较常用的 Java Web 应用服务器有 Apache、Tomcat、WebSphere、WebLogic、Resin 和 JBoss 等,下面将分别进行介绍。

一、Apache 服务器

Apache HTTP Server(Apache)是 Apache 软件基金会的一个开放源码的网页服务器,可以在大多数计算机操作系统中运行,由于其具有多平台和安全性而被广泛使用,是当前最流行的 Web 服务器端软件之一。它快速、可靠并且可通过简单的 API 扩展,将 Java Web 及 Perl/Python 等解释器编译到服务器中。

二、Tomcat 服务器

Tomcat 是 Apache 软件基金会(Apache Software Foundation)的 Jakarta 项目中的一个核心项目,由 Apache、Sun 和其他一些公司及个人共同开发而成。在 Sun 的参与和支持下,最新的 Servlet 和 JSP 规范在 Tomcat 中得到实现。Tomcat 成为目前比较流行的 Web 服务器。它是一个小型、轻量级的支持 JSP 和 Servlet 技术的 Web 服务器,也是初学者学习开发 JSP 应用的首选 Web 服务器。

三、WebSphere 服务器

WebSphere 是 IBM 公司的产品,可进一步细分为 WebSphere Per-formance Pack、Cache Manager 和 WebSphere Application Server 等系列,其中 WebSphere Application Server 是基于 Java 的应用环境,可以运行于 Sun Solaris、Windows NT 等多种操作系统平台,用于建立、部署和管理 Internet 和 Intranet Web 应用程序。其中 WebSphere Application Server Community Edition(WASCE)是 IBM 的开源轻量级 J2EE 应用服务器。它是一个免费的且构建在 Apache Geronimo 技术之上的轻量级 Java 2 Platform Enterprise Edition(J2EE)应用服务器。WebSphere Liberty Profile Server(Liberty)是一个基于 OSGi 内核且高模块化、高动态性的轻量级 WebSphere 应用服务器,其安装极为简单(解压即可)、启动非常快、占用很少的磁盘和内存空间,支持 Web、mobile 和 OSGi 应用的开发。

四、WebLogic 服务器

WebLogic 最早是由 WebLogic Inc 开发的产品,后并入 BEA 公司,目前 BEA 公司又并入 Oracle 公司。WebLogic 细分为 WebLogic Server、WebLogic Enterprise 和 WebLogic Portal 等系列,其中 WebLogic Server 的功能特别强大。WebLogic 支持企业级的、多层次的和完全分布式的 Web 应用,并且服务器的配置简单、界面友好。WebLogic 常用于开发、集成、部署和管理大型分布式 Web 应用、网络应用和数据库应用的 Java 应用服务器。

五、Resin 服务器和 JBoss 服务器

Resin 是 Caucho 公司的产品,是一个非常流行的支持 Servlet 和 JSP 的服务器,速度非常快。Resin 本身包含了一个支持 HTML 的 Web 服务器,使它不仅可以显示动态内容,而且其显示静态内容的能力也毫不逊色,Resin 也可以和许多其他的 Web 服务器一起工作,如

Apache Server 和 IIS 等。Resin 支持 Servlet 2.3 标准和 JSP 1.2 标准，支持负载平衡，因而许多使用 JSP 的网站用 Resin 服务器进行构建。

　　JBoss 是一个遵从 JavaEE 规范的、开放源代码的、纯 Java 的 EJB 服务器和应用服务器。JBoss 代码遵循 LGPL 许可，可以在任何商业应用中免费使用它，而且对 J2EE 有很好的支持。JBoss 采用 JMIL API 实现软件模块的集成与管理，是一个管理 EJB 的容器和服务器，支持 EJB 的规范，但 JBoss 核心服务不包括支持 Servlet/JSP 的 Web 容器，一般与 Tomcat 或 Jetty 绑定使用。

第四节　Java Web 开发环境搭建

一、开发工具的选择

　　Web 应用程序采用的是 B/S 结构，因此程序的开发大致可分为客户前端和服务器后端两个部分。前端和后端开发的区别，除了功能需求、实现技术外，它们运行的环境也是完全不同的。

　　前端的实现技术，如 HTML、CSS 和 JavaScript，是运行在浏览器中的。Web 页面由浏览器解析，JavaScript 代码也由浏览器编译或解释执行。相对而言，后端技术则需要运行在被称为"服务器"的环境中，在这里的"服务器"实质上是一个程序，它为运行在该环境中的程序提供服务，如获取并解析 HTTP 请求、封装并返回 HTTP 响应、管理在该服务器中程序的生存期、生成基本的对象等。另外，数据库管理系统也是整个 Web 应用系统中不可或缺的部分。

　　下面将在 Windows 7 操作系统下建立一个 Java Web 的开发环境。

(一)浏览器

　　除了某些专用计算机，浏览器对大部分计算机而言都是不可或缺的，浏览器软件的种类实际上包括很多，国内常见的有 360 安全浏览器、搜狗高速浏览器等，国外的有 Chrome、Mozilla Firefox 等。各浏览器之间的实现有一些细微的不同,为了增强 Web 应用系统运行的通用性,开发时尽量采用市场占有率最高的浏览器软件。如果可能,开发 Web 应用系统时考虑支持多个浏览器。

浏览器为开发人员提供了便捷的工具,以 Chrome 为例,点开"设置"中的"开发者工具",可以审查页面的 HTML 元素、CSS 样式,以及查看 JavaScript 代码。在浏览器的控制台也可以直接调试 JavaScript 代码。

(二)Web 服务器

Java Web 程序需要运行在 Servlet/JSP 容器中,Servlet 容器的主要作用是解析 JSP 页面,管理 Servlet 的生命周期。但通常而言,Servlet/JSP 容器本身就可以作为完整的 Web 服务器,完成接收 HTTP 请求等工作,因此这里并不严格区分 Web 服务器和 Servlet/JSP 容器。

Tomcat 完全由 Java 语言开发,Java Web 程序的运行以及 Tomcat 的运行必须有 Java 运行环境(Java runtime environment,JRE),因为 JDK 中包含了 JRE,所以可以直接安装 JDK。

1. Java 软件开发包 JDK 简介

在编译并运行 Java 程序时,需要 Java 软件开发包的支持,即 JDK(Java development kit),该开发包为 Java SE 开发包(Java standard edition developer's kit),JDK 是 Sun 公司免费提供的 Java 语言的软件开发包,其中包含 Java 虚拟机(JVM),编写好的 Java 源程序经过编译可形成 Java 字节码,只要安装了 JDK,就可以利用 JVM 解释这些字节码文件,从而保证了 Java 的跨平台性。

JDK 可以在 Oracle 公司的官方网站上下载,在"Downloads"中选择"Java SE",在 Java SE 的下载页面中选择最新版本的 JDK。

2. JDK 的安装与配置

配置环境变量是使用所有开发环境的必由之路,无论是 Tomcat 服务器还是之后的 Eclipse 集成开发环境。由于 Tomcat 是纯 Java 开发的,为了能用 Java 启动服务器,需要将 Java 命令,如在 Windows 下的 java.exe 或 javaw.exe,包含在环境变量 Path 中。另外,为了在运行时能通过正确的位置找到对应的 Java 类，也需要将所需要的类文件（通常是 JAR 包）通过环境变量指明。

环境变量 JAVA_HOME 是 Java JDK 所指向的位置，而 Java 项目的依赖库可以通过变量 CLASSPATH 指明，并设置系统的 Path 环境变量，其步骤如下：

（1）在 Windows 7 下配置环境变量，可以点开"高级系统设置"，新建量"JAVA_HOME"，并设置其值为 JDK 安装目录。

（2）编辑系统的环境变量 CLASSPATH，若不存在，可新建 CLASS-PATH 变量。如果新建 CLASSPATH 并设置其值为".；％JAVA_HOME％lib；％JAVA_HOME％\jre\lib；"，这个变量值的第一个点表示运行命令的当前文件夹，之后表示 JDK 目录下的 lib 文件夹，以及 jre 文件夹下的 lib 文件夹。

（3）最后一定要在 Path 中添加"％JAVA_HOME％\bin"，增加 JDK 的 bin 目录的路径，表示 JDK 下基本程序所在的路径。

3. Tomcat 简介

Tomcat 是由 Apache 开源组织开发的 Web 服务器产品。Tomcat 服务器主要用来运行 Servlet、JSP 或其他轻量级框架开发的程序，Tomcat 是在 Sun 公司的 JSWDK（Java server web development kit）基础上发展起来的，也是一个 JSP 和 Servlet 规范的标准实现。

Tomcat 是一种轻量级的 Web 服务器，可以用较小的系统开销来发布和运行基于 Web 的服务程序。Tomcat 是 Servlet 2.2 和 JSP 1.1 标准的官方参考实现，可以单独作为小型 Servlet、JSP 测试服务器。经过多年的发展，Tomcat 具备了很多商业 Servlet 容器的特性，具有商业用途。

4. Tomcat 的安装、配置及测试

Tomcat 的安装：如选择 apache - tomcat - 6.0.36，则无须安装，只要把相应的 Tomcat 压缩文件中的内容解压缩到特定的路径下即可。为了方便使用，需要配置环境变量 CATALINA_HOME，并将其 bin 目录添加到 Path 环境变量中。测试：要测试 Tomcat 服务器是否安装成功，首先要启动 Tomcat 服务器。在 Tomcat 安装目录下面有一个 bin 目录，里面有两个文件：startup. bat 和 shutdown. bat，分别控制 Tomcat

的启动和关闭。双击"startup. bat"文件,即可启动 Tomcat。

若是 Windows 系统,则可以直接通过命令行,输入"catalina. bat run"命令启动 Tomcat。然后在浏览器地址栏中输入"http://localhost:8080",按 Enter 键访问,通过查看出现的界面能判断 Tomcat 是否安装成功。

Tomcat 默认连接的端口是 8080,当需要更改端口时可以在安装目录下修改"/conf/server. xml"文件中 Connector 元素的 port 属性。

(三)数据库管理系统

数据库管理系统将采用 MySQL。在 Windows 下安装 MySQL,选择通过安装器(installer)安装,或者二进制文件安装,建议通过安装器安装,因为它非常方便。

若使用二进制文件安装,首先需要解压二进制文件,修改根目录下的配置文件"my. inis"。然后,可以选择将 MySQL 的安装目录添加到环境变量 Path 中。

数据库管理系统 MySQL 是一个分布式的数据库软件,它本身也分为 Client 和 Server 两个部分,它们分别对应了 mysql. exe 和 mysald. exe 两个程序。

二、使用 Eclipse 开发 Java Web 应用

下面以开发一个简单的 Web 应用为例,向读者介绍通过 Eclipse 开发 Java Web 应用的通用步骤。

为了开发 Web 应用,必须先在 Eclipse 中配置 Web 服务器,这里以 Tomcat 为例来介绍如何在 Eclipse 中配置 Web 服务器。在 Eclipse 中配置 Tomcat 按如下步骤进行。

(1)单击 Eclipse 主界面下方的"Servers"面板,在该面板的空白处单击鼠标右键,在弹出的快捷菜单中选择"New"→"Server"菜单项。

(2)系统弹出对话框,单击"Apache"→"Tomcat v9.0 Server"节点,这也是本书将要使用的 Web 服务器,然后单击"Next"按钮。

(3)填写 Tomcat 安装的详细情况,包括 Tomcat 的安装路径、JRE 的安装路径等。填写完成后,单击"Finish"按钮即可。

建立一个 Web 应用,请按如下步骤进行:

(1)单击 Eclipse 主菜单"File"→"New"→"Other"。

(2)选择"Web"→"Dynamic Web Project"节点,然后单击"Next"按钮。

(3)在"Project name"文本框中输入项目名,并选择使用 Servlet 4.0 规范,最后单击"Finish"按钮,即可建立一个 Web 应用。

(4)右击 Eclipse 主界面左边项目导航树中的"WebContent",选择"New"→"JSP File"菜单项,该菜单项用于创建一个 JSP 页面。

(5)Eclipse 弹出创建 JSP 页面对话框,填写 JSP 页面的文件名之后,单击"Next"按钮,系统弹出选择 JSP 页面模板对话框。

(6)选择需要使用的 JSP 页面模板。如果不想使用 JSP 页面模板,则取消勾选"Use JSP Template"复选框,单击"Finish"按钮,即可创建一个 JSP 页面。

(7)编辑 JSP 页面。Eclipse 提供了一个简单的"所见即所得"的 JSP 编辑环境,开发者可以通过该环境来开发 JSP 页面。如果要美化该 JSP 页面,可能需要借助其他专业工具。

(8)Web 应用开发完成后,应将 Web 应用部署到 Tomcat 中进行测试。部署 Web 应用,可右键单击 Eclipse 主界面左边项目导航树中的该项目节点,选择"Run As"→"Run on Server"菜单项。

(9)Eclipse 弹出对话框,选择将项目部署到已配置的服务器上,并选中下面的"Tomcat v9.0 Server at localhost"(这是刚才配置的 Web 服务器),然后单击"Next"按钮。

(10)将需要部署的 Web 项目移动到右边列表框内,然后单击"Finish"按钮,Web 项目部署完成。

返回 Eclipse 主界面下方的"Servers"面板,右键单击该面板中的"Tomcat v9.0 Server at localhost"节点,在弹出的快捷菜单中单击"Start"或"Stop"菜单项,即可启动或停止所指定的 Web 服务器。

当 Web 服务器启动之后,在浏览器地址栏中输入刚编辑的 JSP 页面的 URL,即可访问到该 JSP 页面的内容。

经过上面的步骤,便开发并部署了一个简单的 Web 应用,只不过该 Web 应用中仅有一个简单的 JSP 页面。关于如何利用 Spring MVC 开发 Web 应用,本书后面会有更详细的介绍。

三、导入 Eclipse 项目

很多时候，可能需要向 Eclipse 中导入其他项目。比如，在实际开发中可能需要导入其他开发者提供的 Eclipse 项目，在学习过程中可能需要导入网络、书籍中提供的示例项目等。

向 Eclipse 中导入一个 Eclipse 项目比较简单，只需按如下步骤进行即可。

（1）单击"File"→"Import"菜单项。

（2）选择"General"→"Existing Projects into Workspace"节点，单击"Next"按钮。

（3）在"Select root directory"文本框内输入 Eclipse 项目的保存位置，也可以通过单击后面的"Browse"按钮来选择 Eclipse 项目的保存位置。输入完成后，将看到"Projects"文本域内列出了所有可导入的项目，勾选需要导入的项目后，单击"Finish"按钮即可。

四、导入非 Eclipse 项目

有些时候，也可能需要将一些非 Eclipse 项目导入 Eclipse 中，因为不能要求所有开发者都使用 Eclipse 工具。

由于不同 IDE 工具对项目文件的组织方式存在一些差异，所以向 Eclipse 中导入非 Eclipse 项目相对复杂一点。向 Eclipse 中导入非 Eclipse 项目应该采用分别导入指定文件的方式。

向 Eclipse 中导入指定文件请按如下步骤进行：

（1）新建一个普通的 Eclipse 项目。

（2）单击"File"→"Import"菜单项。

（3）选择"General"→"File System"节点，单击"Next"按钮。

此对话框的左边有三个按钮，它们的作用分别如下：

①Filter Types：根据指定文件后缀来导入文件。

②Select All：导入指定目录下的所有文件。

③Deselect All：取消全部选择。

(4)分别输入需要导入文件的路径,选中需要导入的文件,并输入需要导入 Eclipse 项目的哪个目录下,然后单击"Finish"按钮,即可将指定文件导入 Eclipse 项目中。

将其他项目导入 Eclipse 中还有一种方式:直接进入需要被导入的项目路径下,将相应的文件复制到 Eclipse 项目的相应路径下即可。

以 Eclipse 的一个 Web 项目为例,将另一个 Web 项目导入 Eclipse 下只需如下三步:

(1)将其他 Web 项目的所有 Java 源文件(通常位于 src 目录下)所在路径下的全部内容一起复制到 Eclipse Web 项目的 src 目录下。

(2)将其他 Web 项目的 JSP 页面、WEB-INF 整个目录一起复制到 Eclipse Web 项目的 WebContent 目录下。

(3)返回 Eclipse 主界面,选择 Eclipse 主界面左边项目导航树中指定项目对应的节点,按 F5 键即可。

第二章 Servlet 技术

Servlet 是在服务器上运行的一个 Java 程序,其实质是一个 Servlet 就是一个 Java 类,用于处理用户的请求。Servlet 类不同于其他 Java 类的地方在于,它只能运行在服务器端,客户端可以通过"请求-响应"编程模型来访问这个驻留在服务器内存里的 Servlet 程序,Servlet 有自己的运行生命周期。Servlet 的开发也是 Web 应用程序开发的重要部分,Servlet 具有稳定可靠、可移植性强、便于功能扩充等特点。Servlet 与 HTTP 协议有着密切的联系,能够快捷方便地处理基于 HTTP 协议的客户端浏览器请求。

第一节 Servlet 技术概述

一、Servlet 的概念

Servlet 是一种可以与用户进行交互的技术,它能够处理用户提交的 HTTP 请求并做出响应,这与静态 HTML 页面相比,真正实现了客户端和服务器端的互动。Servlet 程序可以完成 Java Web 应用程序中处理请求并发送响应的过程。通过 Servlet 技术,可以收集来自网页表单的用户输入,呈现来自数据库或者其他源的记录,还可以动态创建网页。Servlet 是基于 Java 且与平台无关的服务器端组件。

Servlet 能够编写很多基于服务器端的应用,例如:

(1)动态处理用户提交上来的 HTML 表单。

(2)提供动态的内容给浏览器进行显示,例如动态从数据库获取的查询数据。

（3）在 HTTP 客户请求之间维护用户的状态信息，例如，利用 Servlet 技术实现虚拟购物车功能，利用虚拟的购物车保持用户在不同购物页面购买的商品信息。

在 Java 编程中有类似的命名规则和名称，如下所示：

$$Applet = Application + let$$

$$Servlet = Server + let$$

$$MIDlet = MIDP + let$$

实际上这三个单词是利用英文的构词法创造的新单词，let 在英文的构词中一般充当词尾，表示"小部件"的意思。所以 Servlet 从字面上看，表达的是服务器端的小应用程序的意思。实际上 Servlet 这个词字面的意思恰如其分地说明了它的作用。

二、Servlet 的工作原理

要支持 Servlet 的编程，需要 Web 服务器支持 Servlet 容器，Servlet 容器是 Servlet 运行的支持环境。Tomcat 服务器，既支持 JSP 动态页面编程，也支持 Servlet 编程。其他一些 Web 服务器也支持 Servlet 编程，如 Resin、WebLogic、WebSphere 等。

Servlet 容器的功能是双向的，一方面将客户端浏览器发来的页面请求传递给 Servlet，另一方面将 Servlet 运行的结果传递给客户端浏览器。Servlet 容器的执行具体过程如下：当 Servlet 容器收到客户端浏览器发来的请求后，首先判断该 Servlet 是否是首次被访问，如果是，则编译 Servlet，执行 Servlet 中的 init（）方法，完成必要的初始化工作。每个 Servlet 只会被初始化一次。然后再执行 Servlet 的 service（）方法。如果 Servlet 不是首次访问，则直接执行 Servlet 的 service（）方法。

同 JSP 页面请求一样，也可能存在多个客户端同时请求一个 Servlet 服务的情况，此时，Tomcat 服务器利用多线程方法来解决这个问题。Tomcat 服务器为每个客户端启动一个线程，这些线程也统一由 Servlet 容器负责运行和销毁，从而提高 Servlet 的运行效率。

三、Servlet 的特点

通常情况下，Java Servlet 与使用 CGI（common gateway interface，

公共网关接口)实现的程序可以达到异曲同工的效果。

相比于 CGI，Servlet 有以下几点优势。

（1）可移植性强。Servlet 具有可移植性，它可以一次编写后多处运行。Servlet 是由 Java 开发的且符合规范定义，因此在各种服务器和操作系统上有很强的可移植性。

（2）功能强大。Servlet 功能强大，Java 能实现的功能，Servlet 基本上都能实现（除 AWT 和 Swing 图形界面外）。

（3）高效持久。Servlet 被载入先识别结果实例并驻留在服务器内存中，服务器只需要简单的方法就可以激活 Servlet 来处理请求，不需要调用和解释过程，响应速度非常快。

（4）安全。服务器上的 Java 安全管理器执行了一系列限制，以保护服务器计算机上的资源。因此，Servlet 是安全可信的。

（5）简洁。Servlet API 本身带有许多处理复杂 Servlet 开发的方法和类，如为 Cookie 处理和 Session 会话跟踪设计了方便的类。

（6）集成性好。Servlet 中有 Servlet 容器管理，Servlet 容器位于 Servlet 服务器中，Servlet 和服务器紧密集成，使 Servlet 和服务器密切合作。

四、Servlet 的技术功能

Servlet 是位于 Web 服务器内部的服务器端的 Java 应用程序，它对 Java Web 的应用进行了扩展，可以对 HTTP 请求进行处理及响应，功能十分强大。

（1）Servlet 与普通 Java 应用程序不同，它可以处理 HTTP 请求以获取 HTTP 头信息，通过 HttpServletRequest 接口与 HttpServletResponse 接口对请求进行处理及回应。

（2）Servlet 可以在处理业务逻辑之后，将动态的内容返回并输出到 HTML 页面中，与用户请求进行交互。

（3）Servlet 提供了强大的过滤器功能，可针对请求类型进行过滤设置，为 Web 开发提供灵活性与扩展性功能。

（4）Servlet 可与其他服务器资源进行通信。

五、Servlet 的建立

在 Java 的 Web 开发中，Servlet 具有重要的地位，程序中的业务逻辑可以由 Servlet 进行处理。它也可以通过 HttpServletResponse 对象对请求做出响应，功能十分强大。本部分将对 Servlet 的创建及配置进行详细讲解。

Servlet 的创建十分简单，主要有两种创建方法。第一种方法为创建一个普通的 Java 类，使这个类继承 HttpServlet 类，再通过手动配置 web.xml 文件注册 Servlet 对象。此方法操作比较烦琐。在快速开发中通常不被采纳，而是使用第二种方法——直接通过 IDE 集成开发工具进行创建。

使用 IDE 集成开发工具创建 Servlet 比较简单，适合初学者。本部分以 Eclipse 开发工具为例，创建方法如下。

（1）创建一个动态 Web 项目，然后在包资源管理器的新建项目名称节点上，单击鼠标右键，在弹出的快捷菜单中，选择"新建/Servlet"菜单项，将打开 Create Servlet 对话框，在该对话框的 Java package 文本框中输入 com.mingrisoft 包，在 Class Name 文本框中输入类名 FirstServlet，其他的采用默认。

（2）单击"下一步"按钮，进入到指定配置 Servlet 部署描述信息页面。在该页面中采用默认设置。

（3）单击"下一步"按钮，将进入到用于选择修饰符、实现接口和要生成的方法的对话框。在该对话框中，修饰符和接口保持默认，在"继承的抽象方法"复选框中选中 doGet 和 doPost，单击"完成"按钮，完成 Servlet 的创建。

第二节　Servlet 的生命周期

Servlet 的生命周期，就是一个 Servlet 服务从启动到结束的完整过程。Servlet 生命周期包括以下几个阶段：加载和实例化 Servlet 类，调用 init()

方法初始化 Servlet 实例,一旦初始化完成,容器从客户端收到请求时就将调用它的 service()方法,最后容器在 Servlet 实例上调用 destroy()方法使它进入销毁状态。图 2-1 给出了 Servlet 生命周期的各阶段以及状态的转换。

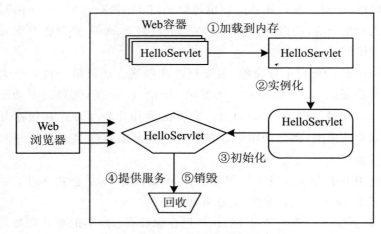

图 2-1　Servlet 生命周期各阶段

一、加载和实例化 Servlet

对于每个 Servlet,Web 容器使用 Class. forName()对其加载并实例化。因此,要求 Servlet 类有一个不带参数的构造方法。在 Servlet 类中若没有定义任何构造方法,则 Java 编译器将添加默认构造方法。

容器创建了 Servlet 实例后就进入生命周期阶段,Servlet 生命周期方法包括 init()、service() 和 destroy()。

二、初始化 Servlet

容器创建 Servlet 实例后,将调用 init(ServletConfig)初始化 Servlet。该方法的参数 ServletConfig 对象包含在 Web 应用程序中的初始化参数。调用 init(ServletConfig)后,容器将调用无参数的 init(),之后 Servlet 就完成初始化。在 Servlet 生命周期中 init()仅被调用一次。

一个 Servlet,可以在 Web 容器启动时或第一次被访问时加载到容器中并初始化,这称为预初始化。可以使用@ WebServlet 注解的 load-OnStartup 属性或 web. xml 文件的<load-on-startup>元素指定当容器启动时加载并初始化 Servlet。

有时,不在容器启动时对 Servlet 初始化,而是当容器接收到对该 Servlet 的第一次请求时才对它初始化,这称为延迟加载。这种初始化的优点是可以加快容器的启动速度。但缺点是如果在 Servlet 初始化时要完成很多任务(如从数据库中读取数据),则发送第一个请求的客户等待时间会很长。

三、为客户提供服务

在 Servlet 实例正常初始化后,它就准备为客户提供服务。用户通过单击超链接或提交表单向容器请求访问 Servlet。

当容器接收到对 Servlet 的请求时,容器根据请求中的 URL 找到正确的 Servlet,首先创建两个对象,一个是 HttpServletRequest 请求对象,一个是 HttpServletResponse 响应对象。然后创建一个新的路径,在该路径中调用 service (),同时将请求对象和响应对象作为参数传递给该方法。显然,有多少个请求,容器将创建多少个路径。接下来 service ()将检查 HTTP 请求的类型(GET、POST 等)来决定调用 Servlet 的 doGet ()或 doPost ()方法。

Servlet 使用响应对象获得输出流对象,调用有关方法将响应发送给客户浏览器。之后,路径将被销毁或者返回到容器管理的路径池中。请求和响应对象已经离开其作用域,也将被销毁。最后客户得到响应。

四、销毁和卸载 Servlet

Servlet 对象一经创建,完成初始化后,就会一直存在于内存中。当服务器被关闭时,才进行 Servlet 对象的销毁,Servlet 引擎自动调用 Servlet 对象的 destory ()方法实现对象的销毁工作。

一旦 Servlet 实例被销毁,它将作为垃圾被回收。如果 Web 容器关闭,Servlet 也将被销毁和卸载。

第三节　**Servlet 常用对象及其方法**

表 2-1 列出了 7 个 Servlet 类(接口)与 JSP 内置对象之间的对应关系。

表 2-1　JSP 内置对象与 Servlet 类(接口)的关系

JSP 内置对象	Servlet 类(接口)
out	javax. servlet. http. HttpServletResponse
request	javax. servlet. http. HttpServletRequest
response	javax. servlet. http. HttpServletResponse
session	javax. servlet. http. HttpSession
application	javax. servlet. ServletContext
config	javax. servlet. ServletConfig
exception	javax. servlet. ServletException

这些类(接口)与 JSP 内置对象密切相关(JSP 内置对象属于这些类或接口)。JSP 中的 request、response、session 和 application 这 4 个对象的方法和属性完全适用于 Servlet,但需要通过适当的方法创建或获取这些对象。这里只列出主要的方法,在后面的应用案例中会给出具体使用方法。

一、javax. servlet. http. HttpServletRequest

类 HttpServletRequest 的对象对应 JSP 的 request 对象,常用方法如下。

(1)void setCharacterEncoding ():设置请求信息字符编码,常用于解决 POST 方式下参数值、汉字乱码问题。

(2)String getParameter (String paraName):获取单个参数值。

(3)String [] getParameterValues (String paraName):获取同名参数的多个值。

（4）Object getAttribute（String attributeName）：获取 request 范围内属性的值。

（5）void setAttribute（String attributeName,Object object）：设置 request 范围内属性的值。

（6）void removeAttribute（String attributeName）：删除 request 范围内的属性。

二、javax. servlet. http. HttpServletResponse

类 HttpServletResponse 的对象对应 JSP 的 response 对象,常用方法如下。

（1）void response. setContentType（String contentType）：设置响应信息类型。

（2）PrintWriter response. getWriter（）：获得 out 对象。

（3）void sendRedirect（String url）：重定向。

（4）void setHeader（String headerName,String headerValue）：设置 HTTP 头信息值。

三、javax. servlet. http. HttpSession

类 HttpSession 的对象对应 JSP 的 session 对象,但在 Servlet 中,该对象需要由 request. getSession（）方法获得。常用方法如下。

（1）HttpSession request. getSession（）：获取 session 对象。

（2）long getCreationTime（）：获取 session 创建时间。

（3）String getID（）：获取 session ID。

（4）void setMaxInactiveInterval（）：设置最大 session 不活动间隔（失效时间）,以秒为单位。

（5）boolean isNew（）：判断是否是新的会话,是则返回 true,不是则返回 false。

（6）void invalidate（）：清除 session 对象,使 session 失效。

（7）object getAttribute（String attributeName）：获取 session 范围内属性的值。

（8）void setAttribute（String attributeName,Object object）：设置 session 范围内属性的值。

（9）void removeAttribute（String attributeName）：删除 session 范围内的属性。

四、javax. servlet. ServletContext

类 ServletContext 的对象对应 JSP 的 application 对象，但在 Servlet 中，该对象需要由 this. getServletContext（）方法获得。常用方法如下。

（1）ServletContext this. getServletContext（）：获取 ServletContext 对象。

（2）object getAttribute（String attributeName）：获取应用范围内属性的值。

（3）void setAttribute（String attributeName,Object object）：设置应用范围内属性的值。

（4）void removeAttribute（String attributeName）：删除应用范围内的属性。

第四节　JSP 与 Servlet 的数据共享

各 JSP 组件之间通过内置对象（request、session 和 application）实现数据共享。这些对象分别与 Servlet 中的 HttpServletRequest、Http-Session、ServletContext 相对应。所以对于一个 Web 应用程序，其中的 JSP 组件与 Servlet 组件之间（或者多个 Servlet 组件之间）可以通过 request（HttpServletRequest）、session（HttpSession）和 application（ServletContext）实现不同作用范围的数据共享。

一、基于请求的数据共享

共享请求（request 或 HttpServletRequest 实例对象）的数据有两类：请求参数数据、请求属性数据。

(一)共享请求参数

共享请求参数的共享过程为:参数的传递、参数的保存(保存在请求对象内)、参数的获取。

1. 请求参数的传递

请求参数的传递有以下四种方式。

(1)表单提交后,由表单 action 属性指定进入的页面或 Servlet,它们所接收的表单数据就是请求参数数据。

(2)带参数的超链接,所传递的参数也是请求参数。

(3)在地址栏中,输入的参数也是请求参数。

(4)在 JSP 中,利用 forward 或 include 动作时,利用参数子动作标签所传递的数据也是请求参数。

2. 请求参数的获取

在另一个组件内,可以从请求对象内获取请求参数并进行加工处理。通过 request/HttpServletRequest 的实例,利用 getParameter()方法获取,其格式为:

String request. getParameter ("参数变量名称")

(二)共享请求属性数据

对于请求属性数据的共享,需要先保存以形成属性值,然后在另一个组件取出该属性的值进行加工处理。

(1)请求属性数据的形成与保存。通过 request/HttpServletRequest 的实例,利用 setAttribute()方法形成属性及其属性值并保存,其格式为:

request. setAttribute ("属性名",对象类型的属性值)

(2)请求属性数据的获取。请求属性数据在另一个组件中,获取属性数据的格式(注意数据类型):

对象类型(强制类型转换)request. getAttribute ("属性名")

(3)若不想再共享某属性,可以从 request(请求作用域)中删除,删除格式为:

request. removeAttribute ("属性名")

二、基于会话的数据共享

对于会话的数据共享采用的是属性数据共享,其共享过程与上一小节中的"共享请求属性数据"的共享过程是一样的,只是共享作用域对象不同,基于会话的数据共享是 session/HttpSession 的实例对象。

(一)会话属性数据的形成与保存

其格式为:

session. setAttribute ("属性名",对象类型的属性值)

注意:对于 Servlet 组件,需要先获取 HttpSession 的实例对象,然后再使用 setAttribute ()方法。

获取 HttpSession 的实例对象的语句为:

HttpSession request. getSession (boolean create)

功能:返回和当前客户端请求相关联的 HttpSession 对象,若当前客户端请求没有和任何 HttpSession 对象关联,那么当 create 变量为 true(默认值)时,创建一个 HttpSession 对象并返回;反之,返回null。

(二)会话属性数据的获取

会话属性数据在另一个组件中,获取属性数据的格式(注意数据类型)如下:

对象类型(强制类型转换)session. getAttribute ("属性名")

(三)删除共享会话属性

若不想再共享某属性,可以从 session 中删除该属性,删除格式如下:

session. removeAttribute ("属性名")

三、基于应用的数据共享

对于基于应用的数据共享,与会话数据共享的处理类似。

(一)应用属性数据的形成与保存

通过 application 或 ServletContext 的实例对象,利用 setAttribute()
方法形成属性及其属性值并保存,其格式如下:

application. setAttribute("属性名",对象类型的属性值)

注意:对于 Servlet 组件,首先要获取 ServletContext 的实例对象,
其获取方法:

ServletContext application＝this. getServletContext()

(二)应用属性数据的获取

应用属性数据在另一个组件中,获取属性数据的格式(注意数据类
型)如下:

对象类型(强制类型转换)application. getAttribute("属性名")

(三)删除共享应用属性

若不想再共享某属性,可以从 application 中删除该属性,删除格式
如下:

application. removeAttribute("属性名")

第五节　JSP 与 Servlet 的关联关系

JSP 和 Servlet 都是在服务器端执行的组件,两者之间可以互相调
用,JSP 可以调用 Servlet,Servlet 也可以调用 JSP。同时,一个 JSP 可
以调用另一个 JSP,一个 Servlet 也可以调用另一个 Servlet,但它们的调
用格式是不同的。

一、在 JSP 页面中调用 Servlet 的方法

在之前介绍的 Servlet 中,都是通过直接在浏览器的地址栏中输入具体的 Servlet 地址进行访问的。而在实际应用中,不可能直接在浏览器中输入 Servlet 地址进行访问,一般是通过调用 Servlet 进行访问。下面主要介绍在 JSP 页面中调用 Servlet 的两种方式,即通过表单提交调用 Servlet 和通过超链接调用 Servlet。

(一)通过表单提交调用 Servlet

在 JSP 页面中通过表单提交调用 Servlet,主要是将 Servlet 的地址写入表单的 action 属性中。这样在表单提交数据后便调用 Servlet,然后由其来处理表单提交的数据。

例 2 − 1　创建项目 ch06,在项目中通过表单提交调用 Servlet。

Step 01:创建 User 类。

```
package bean;
public class User {
    private String name;
    private String sex;
    private String[] interest;
    public String getName() {
        return name;
    }
    public void setName(String name) {
        this. name=name;
    }
    public String getSex() {
        return sex;
    }
    public void setSex(String sex) {
        this. sex=sex;
    }
```

```
public String [] getInterest () {
    return interest;
}
public void setInterest ( String [] interest ) {
    this. interest＝interest;
}
public String showSex ( String s ) {
    if ( s. equals ("man") ) {
        return "男";
    } else {
        return "女";
    }
}
public String showInterest ( String [] ins ) {
    String str＝"";
    for ( int i＝0;i ＜ ins. length;i＋＋) {
        str ＋＝ins[i] ＋ " ";
    }
    return str;
}
}
```

【案例剖析】

在本案例中,定义一个用户类,在类中定义私有成员变量 name、sex 和 interest,定义它们的 setXxx ()和 getXxx ()方法。在类中定义了显示性别的 showSex ()方法和将兴趣数组转换为字符串的 showInterest ()方法。

Step 02:创建填写信息页面。

```
<%＠ page language＝ "java" import＝ "java. util. ＊ " pageEncod-
ing＝"UTF-8"%＞
<! DOCTYPE html PUBLIC "-//W3C//DTD html 4. 01 Transi-
tional//EN"＞
<html＞
    <head＞
```

```
<title>表单提交</title>
<meta http-equiv="pragma" content="no-cache">
<meta http-equiv="cache -control" content="no-cache">
<meta http-equiv="expires" content="0">
<meta http-equiv="keywords" content="keyword1,keyword2,keyword3">
<meta http-equiv="description" content="This is my page">
</head>
<body>
    <form action="FormServlet" method="get">
        <table>
        <tr>
        <td>姓名:</td>
            <td>
                <input type="text" name="name"/>
            </td>
        </tr>
        <tr>
            <td>性别:</td>
            <td>
                <input type="radio" name="sex" checked="checked" value="man"/>男
                <input type="radio" name="sex" value="woman"/>女
            </td>
        </tr>
        <tr>
            <td>爱好:</td>
            <td>
                <input type="checkbox" name="interest" value="篮球"/>篮球
                <input type="checkbox" name="interest" value="足球"/>足球
```

<input type="checkbox" name="interest" value="游泳"/>游泳 <input type="checkbox" name="interest" value="唱歌"/>唱歌 <input type="checkbox" name="interest" value="跳舞"/>跳舞

```
          </td>
        </tr>
        <tr>
          <td colspan="2"><input type="submit" value="提交"/></td>
        </tr>
      </table>
    </form>
  </body>
</html>
```

【案例剖析】

在本案例中,创建用户输入姓名、选择性别和爱好的页面,并通过表单 form 处理,提交后由 FormServlet 处理。

Step 03:创建 Servlet,处理表单提交的信息。

```
package servlet;
import java.io.IOException;
import java.io.PrintWriter;
import javax.servlet.ServletException;
import javax.servlet.http.HttpServlet;
import javax.servlet.http.HttpServletRequest;
import javax.servlet.http.HttpServletResponse;
import bean.User;
public class FormServlet extends HttpServlet{
    public void doGet( HttpServletRequest request,HttpServletResponse response ) throws ServletException,IOException {
        response.setContentType("text/html");
        response.setCharacterEncoding("utf-8");   //设置编码,否
```

则汉字显示乱码

```
        //获取姓名
        String name＝request. getParameter ("name");
        //获取性别
        String sex＝request. getParameter ("sex");
        //获取兴趣数组
        String [] interests＝request. getParameterValues ("interest");
        User user＝new User ();
        user. setName ( name );
        user. setSex ( sex );
        user. setInterest ( interests );
        PrintWriter out＝response. getWriter ();
        out. println ("<html>");
        out. println ("<HEAD><TITLE>A Servlet</TITLE>
</HEAD>");
        out. println ("<BODY>");
        out. print ("表单提交数据:<br>");
        out. print ("姓名:" + user. getName () + "<br>");
        out. print ("性别:" + user. showSex ( user. getSex () ) +
"<br>");
        out. print ("兴趣:" +user. showInterest ( user. getInterest () )
+"<br>");
        out. println ("</BODY>");
        out. println ("</html>");
        out. flush ();
        out. close ();
    }

    public void doPost ( HttpServletRequest request,HttpServletRe-
sponse response ) throws ServletException,IOException {
        doGet ( request,response );
    }
}
```

【案例剖析】

在本案例中,创建继承 HttpServlet 的类 FormServlet,在该类中定义 doGet()方法,在方法中获取用户输入的姓名、性别和兴趣,创建 User 类的对象 user。调用 showSex()方法并将返回值赋值给 user 的私有成员变量 sex;调用 showInterest()方法将获取的兴趣数组转换为字符串,然后赋值给 user 的私有成员变量 interest。使用 PrintWriter 类的对象 out,将用户的信息在 JSP 页面中打印出来。

Step 04:在 web. xml 文件中,添加如下代码。

```
<servlet>
    <servlet-name>FormServlet</servlet-name>
    <servlet-class>servlet. FormServlet</servlet-class>
</servlet>
<servlet-mapping>
    <servlet-name>FormServlet</servlet-name>
    <url-pattern>/FormServlet</url-pattern>
</servlet-mapping>
```

【案例剖析】

在本案例中,添加 Servlet 的配置信息,一对<servlet>和<servlet-mapping>,即设置 FormServlet 的名称(FormServlet)和类的路径(servlet. FormServlet)以及 Servlet 的访问路径(FormServlet)。

自 Java EE 6 的 Servlet3.0 之后,可以使用标注(annotation)来告知容器哪些 Servlet 会提供服务及额外信息。只要 Servlet 上设置@ WebServlet 标注,容器就会自动读取其中的信息。在本案例中,如果请求的 URI 是/FormServlet,则由 FormServlet 的实例提供服务。

【运行项目】

部署项目 ch06,运行 Tomcat。在浏览器中输入"http://localhost: 8888/ch06/",运行结果如图 2-2 所示。输入信息并单击"提交"按钮,运行结果如图 2-3 所示。

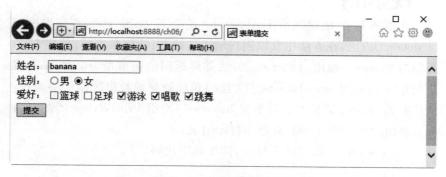

图 2 - 2　表单提交页面

图 2 - 3　Servlet 处理

(二)通过超链接调用 Servlet

当有用户输入的内容提交给服务器时,一般通过表单提交调用 Servlet。但是对于没有用户输入数据的情况,一般通过超链接的方式来调用 Servlet,这种情况还可以传递参数给 Servlet。

例 2 - 2　在 Web 项目 ch06 中,创建通过超链接调用 Servlet 并传递一个参数的页面。

Step 01:创建调用 Servlet 的超链接页面。

<%@ page language="java" import="java. util. * " pageEncoding="utf-8"%>

<! DOCTYPE html PUBLIC "-//W3C//DTD html 4. 01 Transitional//EN">

<html>

```
<head>
    <title>超链接</title>
<meta http-equiv="pragma" content="no-cache">
<meta http-equiv="cache-control" content="no-cache">
<meta http-equiv="expires" content="0">
<meta http-equiv="keywords" content="keyword1,keyword2,
keyword3">
<meta http-equiv="description" content="This is my page">
</head>
<body>
    <a href="LinkServlet? param=link">超链接调用
Servlet</a>
</body>
</html>
```

【案例剖析】

在本案例中,通过在 JSP 页面中使用超链接调用 Servlet,并在调用 Servlet 的过程中传递参数 param 到 Servlet 中。

Step 02:创建继承 HttpServlet 类的 LinkServlet。

```
package servlet;
import java.io.IOException;
import java.io.PrintWriter;
import javax.servlet.ServletException;
import javax.servlet.http.HttpServlet;
import javax.servlet.http.HttpServletRequest;
import javax.servlet.http.HttpServletResponse;
import bean.User;
public class LinkServlet extends HttpServlet {
    public void doGet(HttpServletRequest request,HttpServletRe-
sponse response) throws ServletException,IOException {
        response.setContentType("text/html");
        response.setCharacterEncoding("utf-8");
        //获取参数 param
        String p=request.getParameter("param");
```

```
        PrintWriter out＝response. getWriter ();
        out. println ("<html>");
        out. println ("<HEAD><TITLE>A Servlet</TITLE>
</HEAD>");
        out. println ("<BODY>");
        out. print ("超链接获得的数据:<br>");
        out. print ("param 参数:" + p + "<br>");
        out. println ("</BODY>");
        out. println ("</html>");
        out. flush ();
        out. close ();
    }
    public void doPost ( HttpServletRequest request, HttpServletRe-
sponse response ) throws ServletException, IOException {
        doGet ( request, response );
    }
}
```

【案例剖析】

在本案例中,通过 request 对象的 getParameter ()方法获取参数 param 的值,并通过 PrintWriter 类的对象 out 将参数信息打印到页面上。

Step 03:在 web. xml 文件中,添加如下代码。

```
<servlet>
    <servlet-name>LinkServlet</servlet-name>
    <servlet-class>servlet. LinkServlet</servlet-class>
</servlet>
<servlet-mapping>
<servlet-name>LinkServlet</servlet-name>
<url-pattern>/LinkServlet</url-pattern>
</servlet-mapping>
```

【案例剖析】

在本案例中,配置 Servlet 的信息。在 web. xml 文件中,添加一对 <servlet>和<servlet-mapping>,即设置 LinkServlet 的名称(Link-Servlet)和类的路径(servlet. LinkServlet),以及 Servlet 的访问路径

（LinkServlet）。

【运行项目】

部署 Web 项目 ch06，启动 Tomcat 服务器。在浏览器的地址栏中输入"http://localhost:8888/ch06/link.jsp"，运行，如图 2-4 所示。单击超链接，跳转到 Servlet 处理，并显示获取的参数信息，如图 2-5 所示。

图 2-4 超链接页面

图 2-5 Servlet 显示信息

二、Servlet 跳转到 JSP 页面

Servlet 调用 JSP 有两种方式：转向和重定向。

提示：必须注意转向和重定向之间的差异。

（一）转向

转向是在一个 Web 工程内部各组件之间的调用，在调用时 request 对象中的信息不丢失（request 对象不消亡），进入另一个组件后，request 对象中的数据可以在新组件中继续使用。

在 Servlet 中实现转向，需要由请求对象（HttpServletRequest request)获取一个转发对象（RequestDispatcher rd)，然后由转发对象调用转向方法 forward ()实现。代码格式如下：

```
public void doPost ( HttpServletRequest request, HttpServletResponse response) throws ServletException, IOException{
    //…//省略了代码
    RequestDispatcher rd＝request. getRequestDispatcher ("jsp 网页")；
    rd. forward ( request, response ) ；
    //…
}
```

（二)重定向

重定向可以在一个 Web 工程内部各组件之间实现调用，也可以直接跳转到其他 Web 工程的 JSP 页面，并且在跳转到新组件后，重新创建request 对象。

重定向使用响应对象（HttpServletResponse response)中的 sendRedirect ()方法，代码格式如下：

```
public void doPost ( HttpServletRequest request, HttpServletResponse response) throws ServletException,IOException {
    //…
    response. sendRedirect ("JSP 网页地址") ；
    //…
}
```

三、Servlet 调用另一个 Servlet

一个 Servlet 调用另一个 Servlet 的格式同 Servlet 调用 JSP 的格式，只是将 JSP 网页地址更换为 Servlet 映射地址即可。

第三章　Servlet API、
过滤器与监听器

Servlet 是使用 Java 语言编写的服务器端程序。Servlet 运行于支持 Java 语言的应用服务器中,主要功能在于交互式地浏览和修改数据,从而生成动态 Web 内容。通过上一章,相信读者对 Servlet 的基本概念已有了一定的了解,理解与掌握了 Servlet 常用结构和类的使用方法、创建和配置 Servlet 的方法、使用 Servlet 获取信息的方法、在 JSP 页面中调用 Servlet 的方法,本章在上一章的基础上对 Servlet 的应用技术进行详细介绍,主要包括 Servlet API、Servlet 作为过滤器与监听器等。

第一节　Servlet API

Servlet API 是一组基于处理客户端和服务器端之间请求和响应的 Java 语言标准 API。可以根据实际需要,继承这些类或实现这些接口以实现需要的功能。

一、Servlet 基本类和接口

Servlet 基本类和接口是 Servlet 需要直接或者间接继承的接口和抽象类。例如,HttpServlet 是常用的抽象类,它的 HTTP 处理方法是空的。要开发 Servlet,就要在 doGet () 和 doPost () 等方法中加入 Servlet 需要的功能。

(一)javax. servlet. Servlet 接口

javax. servlet. Servlet 接口规定了必须由 Servlet 类实现、由 Servlet 引擎识别和管理的方法集。Servlet 接口的基本目标是提供生命周期的 init()、service()和 destroy()方法。这个接口被继承 HttpServlet 和 GenericServlet 抽象类的 Servlet 来实现。Servlet 接口中的方法见表 3 - 1。

表 3 - 1　Servlet 接口中常用的方法

方法	说明
void init(ServletConfig config) throws ServletException	初始化 Servlet
ServletConfig getServletConfig()	返回传递到 Servlet 的 init()方法的 ServletConfig 对象
void service(ServletRequest request, ServletResponse response) throws ServletException,IOException	处理 Request 对象中描述的请求,使用 Response 对象返回请求结果
String getServletInfo()	允许 Servlet 向主机的 Servlet 运行者提供有关它本身的信息
void destroy()	销毁 Servlet,当 Servlet 将要被销毁时由 Servlet 引擎调用

(二)javax. servlet. GenericServlet 抽象类

GenericServlet 抽象类定义了一个通用的 Servlet 类,其方法与 HTTP 协议无关,主要用于开发其他 Web 协议的 Servlet 时使用。

Servlet API 提供了 Servlet 接口的直接实现,称为 GenericServlet。此类提供了除 service()方法外所有接口中方法的默认实现。这意味着通过简单扩展 GenericServlet 可以编写一个基本的 Servlet。

除了 Servlet 接口外,GenericServlet 也实现了 ServletConfig 接口,处理初始化参数和 Servlet 上下文,提供对授权传递到 init()方法中的 ServletConfig 对象的方法。

表 3 - 2　GenericServlet 抽象类中常用的方法

方法	说明
void destroy ()	销毁 Servlet
String getInitParameter (String name)	返回具有指定名称的初始化参数值。通过调用 config. getInitParameter (name) 实现
String getServletConfig ()	返回传递到 init ()方法的 ServletConfig 对象
void init (ServletConfig config) throws ServletException	在一实例变量中保存 Config 对象，然后调用 init ()方法
void init () throws ServletException	默认方法，可以使用 super. init (config) 调用父类的初始化信息
abstract void service (Request request, Response response) throws ServletException,IOException	由 Servlet 引擎调用，为请求对象描述的请求提供服务。这是 GenericServlet 中唯一的抽象方法，因此它也是唯一必须被子类所覆盖的方法

　　开发一个 Servlet，通常不是通过直接实现 javax. servlet. Servlet 接口，而是通过继承 javax. servlet. http. HttpServlet 抽象类来实现的。HttpServlet 抽象类是专门为 HTTP 协议设计的，对 javax. servlet. Servlet 接口中的方法都提供了默认实现。一般来说，通过继承 HttpServlet 抽象类，只需要重写它的 doGet ()和 doPost () 方法就可以实现自己的 Servlet。

　　在 HttpServlet 抽象类中的 service ()方法一般不需要被重写，它会自动调用与用户请求对应的 doGet ()和 doPost ()方法。HttpServlet 抽象类支持六种 doXXX ()方法和一些辅助方法。在一般的 Servlet 中，使用最多的是 doGet ()和 doPost ()方法，没有必要重写 doOptions ()、do-Trace ()和 doDelete ()方法。

　　HttpServlet 抽象类的定义如下：

public abstract class HttpServlet extends GenericServlet

　　　implements java. io. Serializable

二、Web 请求与响应类

Web 请求和响应类直接对应于 Web 请求和响应,在 Servlet 和 Web 容器之间交互传递信息。当 Web 容器通过 HTTP 协议接收客户的请求后,会将其转化为 HttpServletRequest 对象,然后传递给 Servlet。Servlet 可以通过这些类理解客户的请求,并将其处理后的内容通过 HttpServletResponse 回复到 Web 容器。Web 容器进行整理后用 HTTP 协议向客户端传送响应。

(一)javax. servlet. ServletRequest 接口

ServletRequest 接口用于向第一个 Servlet 提供客户端的请求信息。当客户端向 Servlet 发送请求时,Servlet 使用这个接口获取客户端的请求信息,当客户端向 Servlet 发送的 service()方法被执行时,Servlet 就可以调用这个接口中的方法接收客户端的请求信息,ServletRequest 对象是作为一个参数传递给 service()方法的。

ServletRequest 接口常用的方法见表 3-3。

表 3-3　ServletRequest 接口中常用的方法

方法	说明
String getParameter(String name)	返回指定参数名的值。若不存在,返回 null
String[]getParameterValues(String name)	返回指定参数名的值数组,若不存在则返回 null
void setAttribute(String name,Objectobj)	以指定名称保存请求中指定对象的引用
void removeAttribute(String name)	从请求中删除指定属性
Enumeration getAttributeNames()	返回请求中所有属性名的枚举。如果不存在属性,则返回一个空的枚举
ServletInputStream getInputStream() throws IOException	返回与请求相关的(二进制)输入流。可以调用 getInputStream()或 getReader()方法之一

续表

方法	说明
RequestDispatcher getRequestDispatcher （String path）	返回 RequestDispatcher 对象,作为 path 所定位的资源的封装
String getLocalAddr ()	返回接收到请求的网络接口的 IP 地址
String getLocalName ()	返回接收到请求的 IP 接口的主机名
String getLocalPort ()	返回接收到请求的网络接口的端口号
String getProtocol ()	返回请求使用的协议的名字和版本,例如:HTTP/1.1
String getCharacterEncoding ()	返回请求正文使用的字符编码的名字。如果没有指定字符编码,这个方法将返回 null
String getRemoteUser ()	如果用户通过鉴定,返回远程用户名,否则为 null
String getRemotePort ()	返回发送请求的客户端或者最后一个代理服务器的 IP 源端口
String getRemoteAddr ()	返回发送请求的客户端或者最后一个代理服务器的 IP 地址
int getContentLength ()	指定输入流的长度,如果未知则返回 -1
int getServerPort ()	返回请求发送到的服务器的端口号
String getServerName ()	返回处理请求的服务器的主机名
BufferedReader getReader () throws IOException	返回与请求相关输入数据的一个字符解读器。此方法与 getInputStream ()只可分别调用,不能同时使用

(二)javax. servlet. ServletResponse 接口

ServletResponse 接口用于向客户端发出响应信息。一般在 Servlet 的 service ()方法中调用,由用户实现这个接口。当一个 Servlet 的 service ()方法被执行时,Servlet 就可以调用这个接口的方法把响应信息返回客户端,ServletResponse 对象是作为一个参数传递给 service ()方法的。

(三)javax. servlet. ServletInputStream 接口

ServletInputStream 接口用于在使用 HTTP 的 POST 和 PUT 方法时,从一个客户端请求中读取二进制数据。这个接口继承了 java.io.InputStream 中的基本方法。除此之外,这个接口还提供了一个 readLine ()方法,用于一次一行地读取数据。readLine ()方法的定义如下:

public int readLine(byte [] b, int off, int len) throws java. io. IOException

readLine ()方法一次一行地读取数据,并把它存储在一个 byte 数组 b 中。这个数组操作从指定的偏移量 off 开始,持续到读取指定数量字节 len,或者到达一个新的换行符。这个新的换行符也存储在字节数组中。如果没有读到指定数量的字节就到达了文件的结束符,则返回-1。

(四)javax. servlet. ServletOutputStream 接口

ServletOutputStream 接口用于向一个客户端写入二进制数据。它提供了重载版本的 print ()和 println ()方法,可以用于处理基本类型的数据和 String 类型的数据,其方法与 java. io. OutputStream 接口中的定义完全相同。除此之外,它加入了各种 print ()和 println ()方法,可以使用 Servlet 向输出流输出各种类型的数据。最常用的 print ()方法和 println ()方法的一般形式如下:

public void print(String s) throws IOException
public void println(String s) throws IOException

(五)javax. servlet. http. HttpServletRequest 接口

HttpServletRequest 接口继承了 javax. servlet. ServletRequest 接

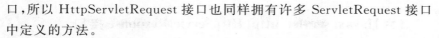

口,所以 HttpServletRequest 接口也同样拥有许多 ServletRequest 接口中定义的方法。

　　这个接口中最常用的方法就是获得请求中的参数,这个请求中的参数是客户端表单中的数据。HttpServletRequest 接口可以获取由客户端传送的参数名称,也可以获取客户端正在使用的通信协议,还可以获取产生请求并且能接收请求的服务器远端主机名及其 IP 地址等信息。

　　该接口的主要方法见表 3-4。

表 3-4　HttpServletRequest 接口中常用的方法

方法	说明
Cookie [] getCookies ()	获得客户端发送的 Cookie
HttpSession getSession ()	返回和客户端关联的 HttpSession 对象,如果没有给客户端分配 HttpSession 对象,则返回 null
HttpSession getSession (boolean create)	和无参数的 get Session ()方法类似,不同的是,如果没有给客户端分配 Session 对象,则创建一个新的 Session 对象并返回
String getParameter (String name)	获得请求中名为 name 的参数的值。若请求中无此参数,则返回 null
String [] getParameter Values (String name)	返回请求中 name 参数的所有值。若请求中无此参数,则返回 null
String getHeader (String name)	返回指定的 HTTP 报头
String getMethod ()	返回 HTTP 请求方法[例如 GET ()、POST ()方法等]
String getPathInfo ()	返回在 URL 中指定的任意附加路径信息
String getRequestedSessionId ()	返回客户端的会话 ID
String getRequestURI ()	返回 URL 中一部分,从"/"开始,包括上下文,但不包括任意查询字符串
String getServletPath ()	该方法返回请求 URL 反映调用 Servlet 的部分

(六)javax. servlet. http. HttpServletResponse 接口

这个接口包含了对客户端的 HTTP 响应。它允许 Servlet 设置内容长度和响应的 MIME 类型,并且提供输出流 ServletOutputStream。常用的方法见表 3-5。

表 3-5　HttpServletResponse 接口中常用的方法

方法	说明
void addCookie(Cookie cookie)	在响应中增加一个 Cookie
String encodeURL(String url)	使用 URL 和一个 SessionId 重写这个 URL
void sendRedirect(String location)	把响应发送到另一页面或者 Servlet 进行处理
void setContentType(String type)	设置响应的 MIME 类型
void setCharacterEncoding(String charset)	设置响应的字符编码类型

下面使用一个例子来演示一下 HttpServletRequest 接口和 HttpServletResponse 接口中方法的使用。

例 3-1　获取请求相关信息并输出。

创建一个 Servlet 类,命名为 UseRequest. java。其 doGet()和 doPost()方法实现如下:

```
//处理 GET 请求
public void doGet(HttpServletRequest request,HttpServletResponse response) throws ServletException, IOException {
    //设置输出文件 MIME 类型
    response. setContentType("text/html;");
    //设置输出编码
    response. setCharacterEncoding("UTF-8");
    //获得输出流对象
    Printwriter out=response. getWriter();
    out. println("<! DOCTYPE html PUBLIC V"-//W3C//DTD
```

html 4. 01 Transitional//EN\">");

  out. println ("<html>");

  out. println ("<HEAD><TITLE>获取请求相关信息</TITLE></HEAD>");

  out. println ("<BODY>");

  out. println ("<table align=\"center\" border=\"1px\" width=\"600px\" height=\"150px\">");

  out. println ("<tr>");

  out. println ("<td width=\"150px\">客户端主机名:</td>");

  out. println ("<td width=\"450px\">" + request. get-RemoteHost()+"</td>");

  out. println ("<tr>");

  out. println ("<td>客户端 IP 地址:</td>");

  out. println ("<td>"+request. getRemoteAddr ()+"</td>");

  out. println ("</tr>");

  out. println ("<tr>");

  out. println ("<td>发送请求的端口号:</td>");

  out. println ("<td>"+request. getRemotePort ()+"</td>");

  out. println ("</tr>");

  out. println ("<tr>");

  out. println ("<td>服务器主机名:</td>");

  out. println ("<td>"+request. getServerName ()+"</td>");

  out. println ("</tr>");

  out. println ("<tr>");

  out. println ("<td>请求的端口号:</td>");

  out. println ("<td>"+request. getServerPort ()+"</td>");

  out. println ("</tr>");

  int len=request. getContentLength ();

  out. println ("<tr>");

  out. println ("<td>请求信息的长度:</td>");

  out. println ("<td>"+(len= =-1?"未知":len+"")+"</td>");

```
        out. println ("</tr>") ;
        out. println ("<tr>") ;
        out. println ("<td>请求 MIME 类型:</td>") ;
        out. println ("<td>"+request. getContentType ()+"</td>") ;
        out. println ("</tr>") ;
        out. println ("<tr>") ;
        out. println ("<td>客户端浏览器信息:</td>") ;
        out. println ("<td>" + request. getHeader ("user-agent")+
"</td>") ;
        out. println ("</tr>") ;
        out. println ("<tr>") ;
        out. println ("<td>请求方式:</td>") ;
        out. println ("<td>"+request. getMethod ()+"</td>") ;
        out. println ("</tr>") ;
        out. println ("<tr>") ;
        out. println ("<td>请求协议:</td>") ;
        out. println ("<td>"+request. getProtocol ()+"</td>") ;
        out. println ("</tr>") ;
        out. println ("<tr>") ;
        out. println ("<td>请求 URI:</td>") ;
        out. println ("<td>"+request. getRequestURI ()+"</td>") ;
        out. println ("</tr>") ;
        out. println ("<tr>") ;
        out. println ("<td>编码方式:</td>") ;
        out. println ("<td>" + request. getCharacterEncoding ()+"
</td>") ;
        out. println ("</tr>") ;
        out. println ("</table>") ;
        out. println ("</BODY>") ;
        out. println ("</html>") ;
        out. flush () ;
        out. close () ;
    }
```

```
//处理 POST 请求
public void doPost ( HttpServletRequest request, HttpServletRe-
sponse response ) throws ServletException, IOException {
          doGet ( request, response ) ;
}
```

启动 Tomcat 服务器,打开 IE 浏览器,在地址栏输入:

http://localhost:8080/first_servlet/servlet/UseRequest

运行结果如下:

客户端主机名:127.0.0.1

客户端 IP 地址:127.0.0.1

发送请求的端口号:7403

服务器主机名:localhost

请求的端口号:8080

请求信息的长度:未知

请求 MIME 类型:null

客户端浏览器信息:Mozilla/4.0 (compatible; MSIE 8.0; Windows
NT 5.1; Trident/4.0; User-agent:Mozilla/4.0 (compatible; MSIE 6.0;
Windows NT 5.1; SV1; http://bsalsa.com) ; . NET CLR 2.0.50727;
CIBA; . NET CLR 3.0.04506.648; . NET CLR 3.5.21022; NET CLR
3.0.4506.2152; NET CLR 3.5.30729)

请求方式:GET

请求协议:HTTP/1.1

请求 URI:/first_servlet/servlet/UseRequest

编码方式:null

三、Servlet 异常类

在 javax. servlet 包中定义了两个异常类:javax. servlet. ServletEx-
ception 类和 javax. servlet. UnavailableException 类。

(一)javax. servlet. ServletException 类

ServletException 类定义了一个通用的异常,可以被 init ()、service ()

和 doXXX()方法抛出,这个类提供了 4 个构造方法和 1 个实例方法,见表 3 - 6。

表 3 - 6　ServletException 类中定义的方法

方法	说明
public ServletException ()	该方法构造一个新的 Servlet 异常
public ServletException(String message)	该方法用指定的消息构造一个新的 Servlet 异常。这个消息可以被写入服务器的日志中,或者显示给用户
public ServletException (String message, Throwable rootCause)	在 Servlet 执行时,如果有一个异常阻碍了 Servlet 的正常操作,那么这个异常就是根原因(root cause)异常。如果需要在一个 Servlet 异常中包含根原因异常,可以调用这个构造方法,同时包含一个描述消息
public ServletException (Throwable root-Cause)	该构造方法同上,只是没有指定描述消息的参数
public Throwable getRootCause ()	该方法返回引起这个 Servlet 异常的异常,也就是返回根原因的异常

(二)javax. servlet. UnavailableException 类

UnavailableException 类是 ServletException 类的子类,该异常类被 Servlet 抛出,用于向 Servlet 容器指示这个 Servlet 永久或者暂时不可用。这个类提供了两个构造方法和两个实例方法,见表 3 - 7。

表 3 - 7　UnavailableException 类中定义的方法

方法	说明
public UnavailableException (String-message)	该方法用一个给定的消息构造一个新的异常,指示 Servlet 永久不可用

续表

方法	说明
public UnavailableException（String-message, int seconds）	该方法用一个给定的消息构造一个新的异常,指示 Servlet 暂时不可用。其中的参数 seconds 指明在这个以秒为单位的时间内,Servlet 将不可用。如果 Servlet 不能估计出多长时间后它将恢复功能,可以传递一个负数或 0 给 seconds 参数
public int getUnavailableSeconds ()	该方法返回 Servlet 预期的暂时不可用的秒数。如果返回一个负数,表明 Servlet 永久不可用或者不能估计出 Servlet 多长时间不可用
public boolean is Permanent ()	该方法返回一个布尔值,用于指示 Servlet 是否永久不可用。返回 true,表明 Servlet 永久不可用;返回 false,表明 Servlet 可用或者暂时不可用

四、Servlet 其他类

（一）javax. servlet. ServletConfig 接口

javax. servlet. ServletConfig 接口负责与 Web 容器之间联系。这个接口的主要功能是使 Web 容器在 Servlet 初始化时(一般是 Web 服务器启动并载入 Web 应用时)能够和 Servlet 进行某种联系。这种联系主要是指通过这个接口在 Web 容器所提供的 XML 文件中进行描述。例如,Web 容器是由部署描述文件 web. xml 来指定初始化变量的。

在这个接口中定义了四个常用的方法,见表 3-8。

表 3 - 8　ServletConfig 中定义的方法

方法	说明
String getServletName ()	该方法返回一个 Servlet 实例的名称
ServletContext getServletContext ()	该方法返回一个 ServletContext 对象的引用。主要用来获取 Servlet 容器的环境信息
String getInitParameter (String name)	该方法返回一个由参数 name 决定的初始化变量的值,如果该变量不存在,则返回 null。该变量是在 XML 文件中初始化的
Enumeration getInitParameterNames ()	该方法返回一个存储所有初始化变量的枚举值。如果 Servlet 没有初始化变量,则返回一个空枚举值

(二)javax. servlet. ServletContext 接口

一个 ServletContext 对象表示了一个 Web 应用程序的上下文。Servlet 容器在 Servlet 初始化期间,向其传递 ServletConfig 对象,可以通过 ServletConfig 对象的 getServletContext ()方法来得到 ServletContext 对象,不过 GenericServlet 类 getServletContext ()是调用 ServletConfig 对象的 getServletContext ()方法来得到这个对象的。表 3 - 9 为 ServletContext 的主要方法。

表 3 - 9　ServletContext 接口中的主要方法

方法	说明
void removeAttribute (String name)	从 Servlet 上下文中删除指定属性
String getServerInfo ()	返回 Servlet 引擎的名称和版本号
URL getResource (String path)	返回相对于 Servlet 上下文或读取 URL 的输入流指定的绝对路径相对应的 URL,如果资源不存在则返回 null

续表

方法	说明
String getRealPath（String path）	给定一个 URI，返回文件系统中 URI 对应的绝对路径
RequestDispatcher getNameDispatcher（String name）	返回具有指定名字或路径的 Servlet 或 JSP 的 RequestDispatcher
String getMimeType（String filename）	返回指定文件名的 MIME 类型
String getInitParameter（String name）	返回指定上下文范围的初始化参数值
int getMajorVersion（）	返回此上下文中支持 Servlet API 级别的最大版本号
int getMinorVersion（）	返回此上下文中支持 Servlet API 级别的最小版本号
ServletContext getContext（String uripath）	返回映射到另一 URL 的 Servlet 上下文
Enumeration getAttributeNames（）	返回保存在 Servlet 上下文中所有属性名字的枚举
void setAttribute（String name，Object obj）	设置 Servlet 上下文中具有指定名字的对象
Object getAttribute（String name）	返回 Servlet 上下文中具有指定名字的对象，或使用已指定名捆绑一个对象

第二节　Servlet 过滤器

　　Servlet 过滤器从表面的词意理解为经过一层层的过滤处理才达到使用的要求，而其实 Servlet 过滤器就是服务器与客户端请求和响应的中间层组件，在实际项目开发中，Servlet 过滤器主要用于对浏览器的请求进行过滤处理，将过滤后的请求再转给下一个资源。其实 Servlet 过滤器与 Servlet 十分相似，只是多了一个拦截浏览器请求的功能。过滤器可以改变请求的内容来满足客户的需求，对于开发人员来说，这点在 Web 开发中具有十分重要的作用。

一、过滤器简介

作为一个技术术语，过滤器是在数据发送的起点和目的地之间截取信息并过滤信息的。对于 Web 应用程序而言，过滤器（filter）是一个可以转换 HTTP 请求、响应首部信息的模块化的可重用组件。它位于服务器端，在客户端和服务器资源之间过滤请求和响应数据。这里的资源不仅包括动态的 Servlet 和 JSP 页面，也包含静态的 Web 内容。

通常，过滤器能分析请求，决定是否将请求传递给资源，或者不传递该请求，自己直接做出响应。过滤器能操作请求，修改请求首部，在传递该请求前将其封装为另一个自定义的请求。过滤器也能修改传递回的响应，在传递给客户端之前，将其封装为自定义的响应对象。

当 Servlet 容器收到了针对资源的请求，它将检查是否有过滤器和该资源关联，若有过滤器和该资源关联，Servlet 容器将先把该请求转发给这个过滤器。过滤器在处理完该请求之后，可能会做的事情是：

（1）产生一个请求，然后发给客户端。

（2）传递这个请求（修改或未修改）给过滤器链上下一个过滤器，若该过滤器是过滤器链上最后一个过滤器，则把请求传递给指定资源。

（3）将请求转发给另外一个（不是原先指定的）资源。

当资源返回时，响应将同样通过一系列的过滤器，不过这次是以相反的顺序通过，过滤器同样对响应对象做出修改。

以下组件是典型的过滤器组件：授权过滤器、日志和认证过滤器、图像转换过滤器、数据压缩过滤器、加密过滤器、XSLT 过滤器、MIME 类型链过滤器、缓存过滤器。

举例来说，在实际运行中，系统不希望请求中带有不合适的字符，特别是 HTML 标签"＜"和"＞"标记，因为这可能是导致一些代码注入的不安全因素。这种情况可以在每个 Servlet 内进行处理，但是它们需要做出的处理是完全一致的。这种大量的重复代码是不必要的，可以在 Servlet 之前添加过滤器来减小工作量。

另外,有些在开发阶段的需求可能在实际的运行中不再需要,将这些需求作为过滤器可以轻易地添加删除。因此,过滤器作为一种可重用的组件很适合用于这些应用场景。

如下例中,HelloFilter 将在请求前后计算处理时间,显示在控制台上。

代码清单3-1 Helliterejava

```
@ WebFilter("/ * ")
public class HelloFilter implements Filter {
    private FilterConfig fConfig;
    public void destroy(){}
    public void doFilter(ServletRequest request,ServletResponse
response,FilterChain chain) throws IOException, ServletException {
        long begin=Calendar. getInstance(). getTimeInMillis();
        chain. doFilter(request,response);
        long end=Calendar. getInstance(). getTimeInMillis();
        fConfig. getServletContext(). log("该请求的运行时间为:"+
(end-begin));
        }
    public void init(FilterConfig fConfig) throws ServletException {
        this. fConfig=fConfig;
        }
    }
```

二、过滤器类的实现与部署

过滤器通过<filter>元素在 web. xml 部署描述符中声明,通过定义<filter-mapping>元素可以配置一个或若干个过滤器的调用。可以使用 Servlet 的逻辑名将过滤器映射到特定的 Servlet 上,或者使用特定的 URL 模式将过滤器映射到一组 Servlet 和静态内容上。

(一)部署描述符

在部署描述符中,可以使用<filter>和<filter-mapping>元素设

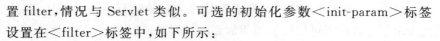

置 filter，情况与 Servlet 类似。可选的初始化参数＜init-param＞标签设置在＜filter＞标签中，如下所示：

```
＜filter＞
＜filter-name＞过滤器名＜/filter-name＞
＜filter-class＞对应类＜/filter-class＞
＜init-param＞
        ＜param-name＞初始参数名＜/param-name＞
        ＜param-value＞初始参数值＜/param-value＞
＜/init-param＞
＜/filter＞
```

filter 的映射可以使用 URL 模式过滤多个资源，或者只过滤某一个 Servlet，因此＜filter-mapping＞元素有两种方式设置，URL 模式的映射和 Servlet 的 URL 模式相同。

```
＜filter-mapping＞
＜filter-name＞过滤器名＜/filter-name＞
＜url-pattern＞对应 URL＜/url-pattern＞
＜/filter-mapping＞


＜filter-mapping＞
＜filter-name＞过滤器名＜/filter-name＞
＜servlet-name＞使用该 filter 的对应 Servlet＜/servlet-name＞
＜/filter-mapping＞
```

一个来自浏览器的请求会触发相关的过滤器，但如果是系统内的请求，即通过请求转发而来的请求对象，则默认不过滤。如果希望过滤这种情况，可以在＜filter-mapping＞标签下添加＜dispatcher＞标签，该标签的参数为哪些途径的请求是可以触发过滤器的，包括 REQUEST（默认客户端请求），FORWARD［请求转发的 forward（方法）］，INCLUDE［请求转发的 include（方法）］，ERROR（容器的例外处理请求），ASYNC（异步处理请求）。如：

```
＜filter-mapping＞
    ＜filter-name＞过滤器名＜/filter-name＞
    ＜servlet-name＞使用该 filter 的对应 Servlet＜/servlet-name＞
    ＜dispatcher＞REQUEST＜/dispatcher＞
```

<dispatcher></dispatcher>…
</filter-mapping>

(二)注解@ WebFilter

过滤器也可以用注解@ WebFilter进行部署设置,若同时使用注解和部署描述符,则注解会被部署描述符覆盖。初始化参数标签对应的标记是@ WebInitParam。默认可只写出 URL 模式,过滤器名为 filterName 属性,映射的 Servlet 名为 servletNames,转发类型为 dispatcherTypes 属性,如下例所示:

@ WebFilter(
filterName="过滤器名",
urlPatterns="url 模式",
servletNames={"需要过滤的若干 servlet"}
initParams={
　　@ WebInitParam(name="初始化参数名",value="初始化
参数值")
}
dispatcherTypes={
DispatcherType. FORWARD,
DispatcherType. INCLUDE
　　…
}
)

(三)过滤器链的顺序

对一个请求 URI,容器将使用两种方式映射过滤器匹配它,第一种是根据 URL 模式,第二种是根据 Servlet 名来匹配。为了控制调用链的顺序,这两种方式应当写在部署描述符中,调用链的顺序按照以下规则:

(1)容器将先根据匹配的 URL 模式调用过滤器,之后再根据 Servlet 名调用过滤器。

(2)过滤器调用的顺序始终按照在部署描述符中<filter-mapping>元素的设置次序。

第三节　Servlet 监听器

一、监听器简介

事件机制给予了开发者一个控制程序和数据的有力手段。在一些对象的生存期内,事件机制可以提高管理资源的效率,更好地分解代码。应用程序的事件是指发生在程序中的特定动作,如添加属性、初始化对象等。

Web 应用程序的事件监听器(listener)是实现了一个或多个 Servlet 事件监听器接口的类。当 Web 应用被部署的时候,它们就在 Servlet 容器中初始化并注册,可以直接被开发者放置在 WAR 文件中。在 HttpServletRequest 对象、HttpSession 对象以及 ServletContext 对象的状态改变时,Servlet 事件监听器会接收事件通知。

其中,Servlet 上下文监听器用于管理应用在 JVM 层次上的资源和状态;HTTP 会话监听器用于管理来自同一客户端,发送给 Web 应用的一系列请求的状态和资源;Servlet 请求监听器用于在整个 Servlet 请求的生命周期里管理其状态;异步请求监听器用于管理"超时"。

举例而言,若 Web 应用程序希望在 HttpServletRequest 对象、HttpSession 对象以及 ServletContext 对象设置移除以及获取属性的时刻做出一些处理,这时可以使用 Servlet 监听器机制。实现 Servlet 监听器接口并进行设置,即可以在上述的时机对 Servlet 对象做出相应处理。

监听器机制在 Java 标准版中已经见到过。在图形界面编程的时候,借助事件委托模型(delegation event model)实现了监听模型,监听器用以监听各种事件,图形界面的句柄需要主动注册到对应的监听器上。

在 Servlet 中需要做的同样是实现一个以事件对象为主的监听器,但是这时不需要注册。在部署描述符或注解中标示出哪些类是监听器,Web 容器会在 Servlet 中对应事件的发生时刻调用这些监听器进行处理,开发人员可以从自动传递来的参数中获取事件对象。

因此,开发人员需要做的首先是编写一个实现监听器接口的类,其次要将其设置在部署描述符中(或使用注解)。

二、监听器的应用实现

(一)监听器的部署

监听器设置规则统一而简单,没有灵活地让每个 Servlet 和监听器进行对应,而仅仅是用<listener>标签统一对所有类型的监听器进行设置,<listener-class>指出一个监听器接口的实现类。如 Servlet 在属性事件产生时,会调用对应类别(比如 HttpSession)的监听器,只要是属于这个类别的对象,监听器都会处理。当有多个监听器时,调用监听器的顺序参照 web. xml 中的设置顺序。监听器在部署描述符中的位置要比<servlet>靠前。如下所示:

```
<listener>
    <listener-class>任意实现监听器接口的类</listener-class>
</listener>
<listener>
    <listener-class>任意实现监听器接口的类</listener-class>
</listener>
    ...
    <servlet>...</servlet>
```

另外,同样可以使用注解的方式,监听器的注解是@ WebListener,此时的注解不再需要任何属性。对属性类实现接口拓展得来的监听器,如 HttpSessionBindingListener 可以不用设置。

(二)监听器的实现

实现一个监听器只需要实现监听器接口并在注解中标识(或在部署描述符中设置),则发生对应事件时,容器会自动调用该处理对应的监听器。

下例中的 OnlineUserCounter. java 使用监听器 HttpSessionListener 对 Session 个数进行统计,使用注解@ WebListener 对监听器进行设置。

代码清单 **3 - 2**　OnlineUserCounter. java

```
@ WebListener
public class OnlineUserCounter implements HttpSessionListener{
    private static int counter;
    public static int getCounter (){
        return counter;
    }
    public void sessionCreated (HttpSessionEvent arg) {
        synchronized (this) {
            OnlineUserCounter. counter++;
        }
    }
    public void sessionDestroyed (HttpSessionEvent arg) {
        synchronized (this) {
        OnlineUserCounter. counter--;
        }
    }
}
```

SessionCounter. java 实现了 HttpSessionBindingListener 接口,它可以作为 HttpSession 的属性对象。在 index. jsp 中创建了一个唯一的该对象,并将它对每一个新的 Session 做绑定,和 OnlineUserCounter 不同的是,前者是在会话创建时调用该监听器,而 SessionCounter 则是在将该类的对象绑定到 HttpSession 时调用。而和 HttpSessionAttributeListener 监听器不同的是,HttpSessionBindingListener 是对属性对象本身的监听而不是对单个 HttpSession 对象属性的改变监听。

代码清单 **3 - 3**　SessionCounter. java

```
(SessionCounter. java)
public class SessionCounter implements HttpSessionBindingListener{
    private String data;
    private int bindingNum;
    public SessionCounter (){ }
    public SessionCounter (String name) {
```

```
        this. data＝name;
    }
    public void valueBound(HttpSessionBindingEvent arg){
        synchronized(this){
            bindingNum＋＋;
        }
    }
    public void valueUnbound(HttpSessionBindingEvent arg){
        synchronized(this){
            bindingNum－－;
        }
    }
    public String getData(){
        return data;
    }
    public int getCounter(){
        return bindingNum;
    }
}
```

要使用监听器,需要产生对应的事件,对应 HttpSessionListener 即是容器自动产生新的 Session。HttpSessionBindingListener 则是在实现该接口的对象被添加到 Session 对象中时被调用。

(index.jsp)

```
<body>
    <%!
    SessionCounter counter＝new SessionCounter();
    %>
    <h1>欢迎使用 Servlet 监听器</h1>
    <h3>根据 HttpSessionListener 监听器,目前的在线人数是：
</h3>
    <%＝OnlineUserCounter. getCounter()%>
    <h3>根据 HttpSessionBindingListener 监听器,目前的在线
人数是：</h3>
```

```
<%
    if ( session. getAttribute ("counter")== null ) {
        session. setAttribute ("counter",counter ) ;
    }else{
    out. println (counter. getCounter ()) ;
    }
%>
</body>
```

第四章　JSP 技术

JSP(java server page)是 Java 语言在 Web 应用程序开发中的一种应用。它是一种基于服务器端的脚本语言,在传统的 HTML 中插入一些 JSP 脚本代码构成 JSP 页面,客户端通过浏览器来访问 JSP 页面,从而实现基于 B/S 架构的 Web 应用程序。JSP 从被推出至今,逐渐发展为 Web 开发应用的一项重要技术。本章对 JSP 进行详细介绍,首先对 JSP 的特点、JSP 的运行原理、JSP 基本语法、JSP 指令、JSP 内置对象等内容进行详细介绍,然后在此基础上介绍如何实现 JSP 的登录。

第一节　JSP 技术概述

一、JSP 简介

JSP 页面是由 HTML 页面和嵌入其中的 Java 代码构成的,其本质就是把 Java 代码嵌套在 HTML 中。当客户端通过浏览器向服务器端发出页面请求时,服务器端就会通过 JSP 容器对嵌入到 HTML 页面中的 Java 代码进行编译执行,根据运行结果生成对应的新的 HTML 代码,再传输到客户端的浏览器中,显示页面内容。

JSP 脚本语言具有以下特点:

(1)具备 Java 语言的优点。JSP 脚本是将 Java 代码嵌入到 HTML 页面中,其便具备了 Java 语言的优点,比如其是一种简单的面向对象的语言,能够跨平台解释执行,为一种安全的语言,支持多线程,具有动态性等。

(2)实现程序功能代码与界面显示分离。使用 JSP 技术来开发

Web 应用程序时,常使用 HTML 语言来设计和格式化静态页面的内容,完成界面显示工作;而使用 JSP 标签或脚本来实现程序功能代码,完成运行逻辑操作。更进一步,程序开发人员可以将代码全部放到 JavaBean(用 Java 语言开发的软件组件,可在分布式环境中移动)组件中,或者把代码交给 Servlet 等其他业务控制层来处理,使所有的 Java 代码在服务器端运行,从而实现代码与视图层分离。这样 JSP 页面就只需要负责软件界面的显示。

JSP 技术使得 Web 开发人员的分工更加明确,负责前台显示页面设计的开发人员,在修改界面后不会影响后台的功能程序代码,而后台功能程序的开发人员在修改程序控制逻辑的同时,也不会影响前台界面的显示。

(3)组件重用。JSP 中可以使用 JavaBean 编写常用的功能业务组件,在 JSP 页面可以重复使用这个 JavaBean,JavaBean 也可以应用到其他 Java 应用程序中,包括桌面应用程序。开发人员之间可以共享或者交换组件,从而有效地提高 Web 应用程序的开发效率,加速开发进程。

(4)预编译。预编译指客户端第一次通过浏览器访问 JSP 页面时,服务器将对 JSP 页面代码进行编译并保存字节码文件,当客户端再次访问该 JSP 页面时,无须再次编译,直接执行保存的编译好的代码。这种方式在一定程度上节约了服务器的 CPU 资源,并且可能大大提升客户端的访问速度。

二、JSP 的运行原理

JSP 页面是将 Java 代码嵌入到 HTML 页面中形成的,在此,根据 JSP 页面的执行过程,对其运行原理做一个简要分析。

(1)当客户端通过浏览器向服务器发出请求要访问某个 JSP 页面时,服务器首先检查该页面的请求次数。如果该页面是第一次被调用,则由 Tomcat 服务器中的 JSP 引擎先将 JSP 页面转译成一个基于 Servlet 的 Java 源代码文件。然后,Web 容器(Servlet 引擎)将产生的源代码进行编译,形成一个字节码文件(. class 文件),并执行 jspInit ()初始化方法。如果该页面不是第一次被请求,则直接进入下一步。

(2)访问字节码文件,将.class 文件加载到内存中,执行 jspService ()

方法以处理用户请求。对应到 JSP 页面,即执行 JSP 表达式"<％"和"％>"之间的内容。

(3)服务器把执行结果嵌入到 HTML 页面中,生成新的 HTML 页面,再发送回客户端。

(4)客户端浏览器显示收到的 HTML 页面。

JSP 页面的执行过程如图 4-1 所示。

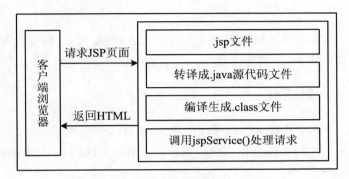

图 4-1 JSP 页面的执行过程

在实际工作中,经常出现多个用户同时请求访问同一个页面的情况,为了提高响应速度,Tomcat 服务器会为每个客户请求启动一个线程,也就是我们所说的多线程方式执行。

各个线程由服务器统一管理,提高了 CPU 的利用率,保证每个线程都能在一定时间内执行字节码文件,从而提高了客户端访问的效率。多线程执行方式如图 4-2 所示。

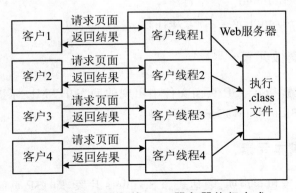

图 4-2 多线程的 Web 服务器执行方式

第二节　JSP 基本语法

一、JSP 页面元素

JSP 页面中常见的页面元素有注释元素、模板元素、脚本元素、指令元素和动作元素，分别详述如下。

（一）注释元素

JSP 页面中注释分为隐藏性注释、输出性注释和 Scriptlet 注释。

输出性注释是指会在客户端显示的注释，与 HTML 页面的注释一样，其表示形式为：

<!--comments<%expression here%>-->

隐藏性注释是指在 JSP 页面中写好的注释，但经过编译后不会发送到客户端，不在客户端显示的注释，其作用主要是为了方便开发人员使用，其表示形式为：

<%--comments here--%>

隐藏性注释，不生成页面内容。

Scriptlet 注释是指注释 Java 程序代码，其表示形式为：

<%//comment%>单行注释

<%/ * comment * /%>块注释

（二）模板元素

模板元素指在 JSP 页面文件中出现的静态 HTML 标签、XML 内容、XSL、XSLT 和 JavaScript 等。

（三）脚本元素

脚本元素包含声明、表达式和 Scriplets 片段，即 JSP 页面中的 Java 代码。

1. 声明

在页面中声明合法的成员变量和成员方法,可以为 Servlet 声明成员变量或者方法,也可以重写 JSP 引擎父类的方法。

声明变量:

<%! String name="";%>

<%! public String getName () {return name;}%>

在 JSP 标签元素中<jsp:declaration>相当于<%!%>,它们的作用相同,可以采用任意一种方式。

<jsp:declaration>String greetingStr="Hello,World!";</jsp:declaration>

声明方法:

```
<%!
public void print (){
greetingStr="welcome";
int i=0;
}
%>
```

2. 表达式

就是位于"<%="和"%>"之间的代码,通常是变量或者是有返回类型的方法,输出字符串内容到页面。如:

<%=greetingStr%>

注意:表达式后面没有";"。

在 JSP 标签元素中<jsp:expression>相当于<%=%>中的"=",表示输出表达式,它们的作用相同,可以采用任意一种方式。

< jsp:expression>greetingStr</jsp:expression>

3. Scriptlets 片段

就是位于"<%"和"%>"之间的合法的 Java 代码,如业务逻辑代码等。

<%! greetingStr+="Best wishes to you!";%>

在 JSP 标签元素中<jsp:scriptlet>相当于<%%>,它们的作用相

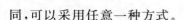

同,可以采用任意一种方式。

＜jsp:scriptlet＞greetingStr＋＝"Best wishes to you!";＜/jsp:scriptlet＞

（四）指令元素

指令元素是指出现在"＜%@"和"%＞"之间,包含 page 指令、include 指令和 taglib 指令。

1. page 指令

用于定义 JSP 文件的全局属性。其语法格式如下:

＜%@ page [language="java"]//声明脚本语言采用 Java,目前只能是 Java

[import="java. util. ArrayList"]//导入其他包中的 Java 类文件

[contentType="text/html;charset＝GBK"]//页面的格式和采用的编码,格式见 MIME 类型

[session="{true|false}"]//这个页面是否支持 Session,即是否可以在这个页面中使用

Session[buffer="none|8kb|size kb]"]//指定到客户端的输出流采用的缓冲模式

[autoFlush="true|false"]//如果为 true,表示当缓冲区满时,到客户端的输出会自动刷新,如果为 false,则抛出异常

[isThreadSafe="true|false"]//如果为 true,表示一个 JSP 页面可以同时处理多个用户的请求,否则只能一次处理一个

[pageEncoding="encodingStr"]//页面的字符编码

[isELIgnored="true|false"]//是否支持 EL 表达式语言"＄{}"

[isErrorPage="true|false"]//该页面是否为错误信息页面,如果是,则可以直接使用 exception 对象

[errorPage="page url"]//页面出现错误后,跳转的页面与[isError-Page]不能同时出现

[info="description"]//有关页面的描述信息

[extends="package. class"]//继承了什么样的类

[method="service"]//生成一个 service()方法来执行 JSP 中的代码

page 指令常见的语法格式为：

<%@ page contentType＝"text/html;charset＝GBK" language＝
"java"%>

<%@ page import＝"java. util. ArrayList"%>

2. include 指令

将指定位置上的资源代码在编译的过程中包含到当前页面中,称为
静态包含,在编译时就要包含进来,随同当前的页面代码一同进行编译。
其语法格式如下：

<%@ include file＝"file_url"%>

3. taglib 指令

JSP 页面中使用自定义或者其他人已经定义好的标签文件。其语
法格式如下：

<%@ taglib uri＝"tld_url" prefix＝"prefix_name"%>

在 JSP 标签元素中<jsp:directive. page/>相当于<%@ page%>,
它们的作用相同,可以采用任意一种方式。

(五)动作元素

JSP 动作元素包含<jsp:include>、<jsp:forward>、<jsp:useBean>、
<jsp:setProperty>、<jsp:getProperty>、<jsp:param>、<jsp:plugin>等。

1. <jsp:include>

引入页面,在运行代码时,将指定的外部资源文件导入当前 JSP 中,
外部资源不能设置头信息和 Cookie。如：

<jsp:include page＝"page_URL" flush＝"true"/>

<jsp:include page＝"/public/header. jsp" flush＝"true"/>

<%@ include>与<jsp:include>的区别如下所示。

两者都可以用于包含静态内容或者动态内容。两者差别在于,前者
是静态包含,也就是在生成 Servlet 之前就被包含进来了,生成的是单个
文件,不会为被包含的文件生成单独的 Servlet(假如被包含的是动态
的);后者是动态包含,也就是说生成 Servlet 的时候只是添加一个引用,

并不真正将内容包含进来，内容是在运行时才被包含进来的，容器会为被包含的文件生成独立的 Servlet（假如被包含的是动态的）。所以，前者常用于包含固定不变的、多个页面共用的内容片段，后者则用于经常变化的内容片段，无论是否被多个页面共用。

2. ＜jsp:forward＞

跳转，将客户的请求重定向到某个资源，该资源文件必须与该 JSP 文件在同一个 Context 中。如：

＜jsp:forward page＝"uri"/＞

3. ＜jsp:useBean＞

在 JSP 页面中创建一个 JavaBean 的实例，并可以存放在相应的 Context 范围之中。如：

＜jsp:useBean id＝"beanName" class＝"ClassPath"|BeanName＝"ClassName" scope＝"｛page|request|session|application｝" typeName＝"typeName"/＞

常用的属性是 id 和 class。

4. ＜jsp:setProperty＞

嵌套在＜jsp:useBean＞标签体中，用来设置 JavaBean 实例中的属性的值。如：

＜jsp:setProperty name＝"beanId" property＝"bean_propertyname" value＝"property_value"/＞

5. ＜jsp:getProperty＞

获得用＜jsp:useBean＞设置的 JavaBean 的对象的某个属性，并将其输出到相应的输出流中。如：

＜jsp:getProperty name＝"beanId" property＝"bean_propertyname"/＞

6. ＜jsp:param＞

一般和＜jsp:forward＞、＜jsp:include＞以及＜jsp:plugin＞配合使用，用来向引入的 URL 资源传递参数。如：

＜jsp:param name＝"param_name" value＝"param_value"/＞

7. <jsp:plugin>

产生客户端浏览器的特殊标签(<object>或者<embed>)。如:
< jsp:plugin type="applet" code="sample. AppletTest" codebase=".">
    < jsp:param name="username" value="guo"/>
    < jsp:param name="password" value="1234"/>
    < jsp:fallback> Cann't Load Applet from Certain URL</jsp:fallback>
</jsp:plugin>

8. <jsp:fallback>

只能嵌套在<jsp:plugin>中使用,表示如果找不到资源,则显示其他的信息。

二、JSP 注释

由于 JSP 页面由 HTML、JSP、Java 脚本等组成,所以在其中可以使用多种注释格式,本部分将对这些注释的语法进行讲解。

程序注释通常用于帮助程序开发人员理解代码的用途,使用 HTML 注释可以为页面代码添加说明性的注释,但是在浏览器中查看网页源代码时将暴露这些注释信息;而如果使用 JSP 注释就不用担心出现这种情况了,因为 JSP 注释是被服务器编译执行的,不会发送到客户端。

语法:
<%--注释文本--%>
例如:
<%--显示数据报表的表格--%>
<table>…</table>
上述代码的注释信息不会被发送到客户端,那么在浏览器中查看网页源代码时也就看不到注释内容。

(一)动态注释

由于 HTML 注释对 JSP 嵌入的代码不起作用,因此可以利用它们的组合构成动态的 HTML 注释文本。

例如:

```
<! --<%＝new Date ()%>-->
```

上述代码将当前日期和时间作为 HTML 注释文本。

(二)代码注释

JSP 页面支持嵌入的 Java 代码,这些 Java 代码的语法和注释方法都和 Java 类的代码相同,因此也就可以使用 Java 的代码注释格式。

例如:

```
<%
//单行注释
/ **
多行注释
* /
%>
<%/ ** JavaDoc 注释,用于成员注释 * /%>
```

第三节 JSP 指令

JSP 指令是从 JSP 向 Web 容器发送的消息,它用来设置页面的全局属性,如输出内容类型等。指令不向客户端输出任何具体内容。指令的作用范围仅限于包含指令本身的 JSP 页面。

JSP 的指令格式为:

```
<%@ 指令名 属性＝"属性值"%>
```

指令名有 page、include 和 taglib 三种。taglib 指令允许页面使用扩展标记。本节主要讲述 page 指令和 include 指令。

一、page 指令

page 指令用来定义整个 JSP 页面的全局属性。合法的 page 属性有 import、contentType、isThreadSafe、session、buffer、autoflush、extends、info、errorPage、isErrorPage 和 language 等。下面重点介绍一些最常用的属性。

(一) language 属性

language 属性用来指明 JSP 页面脚本使用的编程语言。目前 JSP 页面中 language 属性的合法值只有一个,那就是"java"。

用法示例:

<%@ page language="java"%>

(二) import 属性

import 属性用来向 JSP 页面载入包。

用法示例:

<%@ page import="java. util. * "%>

注意:载入的包名要用引号引起。如用一个 import 载入多个包,则用逗号隔开。如:

<%@ page import="java. util. * ,java. lang. * "%>

(三) session 属性

session 属性指定 JSP 页面是否支持会话。默认情况下 session 的值为 true。

用法示例:

<%@ page session="true or false"%>

下面通过一个例子来说明 session 属性的作用。向 Web 应用 Jsp-Basic 中添加页面 jspSession. jsp,完整代码如程序 4 - 1 所示。

程序 4 - 1:jspSession. jsp

```
<%@ page language="java"%>
<%@ page session="false"%>
```

```
<%if(session. getAttribute("name")==null)
    session. setAttribute("name","hyl");
%>
<%out. println(session. getAttribute("name"));%>
```

在"项目"视图中选中文件 jspSession.jsp,右击,在弹出的快捷菜单中选中"编译文件"命令,在 NetBeans 底部的输出窗口中将显示编译错误信息,提示变量 session 找不到,这是因为<%@ page session="false"%>指明页面不支持会话,当编译语句<% out. println (session. getValue ("name"));%>时,必然会提示出错信息。将<%@ page session="false"%>改为<%@ page session="true"%>,则程序编译通过。

(四)errorPage 属性

当 JSP 页面程序发生错误时,由页面的 errorPage 属性指定的程序来处理。首先生成错误信息处理页面 error.jsp,完整代码如程序 4－2 所示。

程序 4－2:error. jsp

```
<%@ page contentType="text/html"%>
<%@ page pageEncoding="UTF-8"%>
<html>
    <head>
        <meta http-equiv="Content-Type" content="text/html;charset=UTF-8">
            <title>JSP Page</title>
    </head>
    <body>
    <h1>出错啦!! </h1>
    </body>
</html>
```

下面通过向 Web 应用 JspBasic 中添加页面 testError. jsp 来说明 errorPage 属性的作用。完整的代码如程序 4－3 所示。

程序 4－3:testError. jsp

```
<%@ page language="java"%>
<%@ page contentType="text/html;charset=GB2312"%>
```

```
<%@ page errorPage="error. jsp"%>
<! DOCTYPE html PUBLIC"-//w3c//dtd html 4.0 transi-
tional//en">
<html>
<head>
<title>页面错误属性测试</title>
</head>
<body bgcolor="#FFFFFF">
<%! int[] a={1,2,3} ;%>
<%=a[3]%>
</body>
</html>
```

程序说明:页面的 errorPage 属性指定如果当前页面发生错误时,将导向页面 error. jsp。在后面的代码中,发生数组索引越界,将程序导向 errorPage 属性指定的错误页面。

(五)contentType 属性

contentType 属性指定了 MIME 的类型和 JSP 文件的字符编码方式,它们都是最先传送给客户端,使得客户端可以决定采用什么方式来展现页面内容。MIME 类型有 text/plain、text/html(默认类型)、image/gif 和 image/jpeg 等。JSP 默认的字符编码方式是 ISO - 8859 - 1。

(六)isThreadSafe 属性

isThreadSafe 属性设置 JSP 文件是否能多线程使用,属性值有 true 和 false 两种,默认值是 true,也就是说,JSP 能够同时处理多个用户的请求,如果设置为 false,一个 JSP 只能一次处理一个请求。下面通过向 JspBasic 应用中添加页面 safe. jsp 来说明 isThreadSafe 属性在保证页面线程安全上的作用,完整的代码如程序 4 - 4 所示。

程序 4 - 4:safe. jsp

```
<%@ page contentType="text/html;charset=GB2312"%>
<html>
<BODY>
```

```
<%! int number＝0;
    void countPeople()
    {
    int i＝0;
    double sum＝0.0;
    while(i＋＋ < 200000000){
        sum ＋＝i;
    }
    number＋＋;
    }
%>
<%countPeople();  //在程序片段中调用方法
%>
<p>您是第<%＝number%>个访问本站的客户</p>
</BODY>
</html>
```

打开一个新的浏览器对话框,在地址栏中输入 http://localhost: 8080/JspBasic/safe.jsp,按照程序逻辑设计,页面应该显示"您是第 2 个访问本站的客户",但却得到"您是第 1 个访问本站的客户"的结果。为什么会产生错误呢? 因为在页面中声明的变量 number 是 JSP 页面转化成的 Servlet 实例所拥有的,它被 Servlet 的所有线程共享。页面第一次访问后,由于服务器延迟,还没来得及更新这个变量的值,这时,服务器接收到一个对此 Servlet 的新请求,Servlet 产生一个新的线程,这个线程来访问变量 number。正是线程之间的不同步造成了上述错误。

如果在程序第二行加入代码<%@ page isThreadSafe＝"true"%>,则保证了页面以单线程执行,就从根本上避免了线程同步错误的发生。可以在修改页面后重新发布 Web 应用,验证上面的错误是否还会发生。

最后,对于 page 指令,需要说明的是:

(1)<%@ page%>指令作用于整个 JSP 页面,同样包括静态的包含文件。但是<%@ page%>指令不能作用于动态的包含文件,比如<jsp:include>。

(2)可以在一个页面中引用多个<%@ page%>指令,但是其中的属性只能用一次,不过也有例外,那就是 import 属性。因为 import 属性和 Java 中的 import 语句类似（参照 Java 语言，import 语句引入的是 Java 语言中的类），所以此属性就能多用几次。

（3）无论把＜％@ page％＞指令放在 JSP 文件的哪个地方，它的作用范围都是整个 JSP 页面。不过，为了 JSP 程序的可读性及良好的编程习惯，最好还是把它放在 JSP 文件的顶部。

二、include 指令

include 指令向 JSP 页面内某处嵌入一个文件。这个文件可以是 HTML 文件、JSP 文件或其他文本文件。需要着重说明的是，include 指令包含的文件是由 JSP 分析的，并且这部分分析工作是在转换阶段（JSP 文件被编译为 Servlet 时）进行的。

用法示例：

＜％@ include file＝"relative url"％＞

版权保护信息页面是许多网页经常需要包含的，下面通过 include 指令向 JSP 页面嵌入版权信息页面来演示 include 指令的使用。首先向 JspBasic 应用中添加使用 include 指令的页面 include. jsp，完整的代码如程序 4－5 所示。

程序 4－5：include. jsp

```
＜％@ page contentType＝"text/html;charset＝GB2312"％＞
＜html＞
＜BODY＞
＜h1＞include 示例＜/h1＞
＜H3＞
  ＜％@ include file＝"copyright. html"％＞
＜/H3＞
＜/BODY＞
＜/html＞
```

下面生成版权保护信息页面 copyright. html，完整的代码如程序 4－6 所示。

程序 4 - 6：copyright. html

```
<!DOCTYPE html PUBLIC"-//w3c//dtd html 4.0 transi-
tional//en">
<html>
<head>
<title></title>
</head>
<body bgcolor="#FFFFFF">
<HR>
<h3>All the rights are reserved</h3>
</body>
</html>
```

保存程序并重新发布 Web 应用，打开 IE 浏览器，在地址栏输入 http://localhost:8080/JspBasic/include. jsp，可以看到版权保护信息已被 include 指令导入。

三、taglib 指令

在 JSP 页面的请求阶段，动作元素会针对不同的请求信息做出处理。除了 JSP 核心中定义的动作元素标签，JSP 页面中也可以使用用户自定义的标签。taglib 指令用来指示页面中用到的标签库，格式如下：

```
<%@ taglib uri="" prefix=""%>
```

其中，uri 指出标签库的位置，prefix 指出页面中使用该标签库时自定义的前缀。由此，在页面中使用标签库中的标签的格式为："前缀:标签名"。

使用标签是简化 JSP 页面编写、避免代码杂糅的好办法，各种 Java Web 框架中都提供了大量的自定义标签。若希望 JSP 容器能识别解析这些标签，则需要在 taglib 指令中指明标签库。

举例来说，JSP 的标准标签库 JSTL 实际上并不是 JSP 核心的一部分，在 JSP 页面中是不可以直接使用其标签的。要使用 JSTL 标签，需要首先将标签库文件 standard. jar 和 jt. jar 添加到运行环境中，如手动或通过 IDE 将其添加到 tomcat 目录下的 lib 文件夹，或者项目的 WEB-

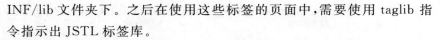

INF/lib 文件夹下。之后在使用这些标签的页面中,需要使用 taglib 指令指示出 JSTL 标签库。

标签库文件可以从 tomcat. apache. org/taglibs/standard 里下载。另外,在 tomcat 目录下的一个示例项目——examples 里也提供了这两个文件,目录位置是 webapp\examples\WEB-INF\lib。

四、通过 web. xml 配置 JSP 页面信息

在一个 Web 应用中,JSP 页面的配置信息可以包含在 web. xml 文件之中。这些信息通过 jsp-config 及其子元素设置,可以被 Web 容器利用。jsp-config 元素是 web-app 的子元素,它自己包含了 jsp-property-group 和 taglib 两个子元素。

元素 jsp-property-group 是若干页面的属性集合。元素 taglib 则描述了自定义标签库的映射情况。在某种意义上,这两个参数分别对应 page 和 taglib 指令。

需要说明的是,一个自定义的动作元素标签,其具体实现是由一个 Java 类完成的,通常称为标签处理类。要描述这个标签处理类需要通过另外一个后缀为. tld 的文件,它称为标签库描述符(tag library descriptor,TLD)。某个标签存在于一个标签库中,TLD 将定义整个标签库。TLD 实质是一个 XML 文件(JSP 2.0 以上以 XML Schema 表示),它用来描述标签库中若干标签的信息,这些信息是若干个由标签处理类到标签的映射。若需要在 JSP 页面中使用这些自定义标签,则最后需要在 web. xml 文件中以及在 taglib 元素下将 TLD 和 URI 对应起来。

taglib 指令中属性 URI 可以使用的值,应被 web. xml 中 taglib 元素下的 taglib-uri 子元素指出。而 taglib 元素下的 taglib-location 子元素则指出对应的 TLD 位置。下例中 testTag 是一个自定义的 TLD,对应的标签库中包含一个标签 testTag,用于输出其属性值 value。

```
<web-app>
    ...
    <jsp-config>
        <taglib>
            <taglib-uri>testTaglib</taglib-uri>
```

```
                <taglib-location>/WEB-INF/testTag.tld</tagliblo-
cation>
        </taglib>
        <jsp-property-group>
            <url-pattern>/property-group/*</url-pattern>
            <el-ignored>true</el-ignored>
            <page-encoding>UTF-8</page-encoding>
            <scripting-invalid>true</scripting-invalid>
            <include-prelude>/WEB-INF/header.jspf</include-
prelude>
            <include-coda>/WEB-INF/footer.jspf</include-coda>
            <default-content-type>text/html</default-content-
type>
        </jsp-property-group>
    </jsp-config>
    ...
</web-app>
```

page 指令的属性用于对所属页面的转换情况做设置，若希望对若干页面统一做设置，则对每一个页面都写 page 指令会显得比较烦琐。通过 web.xml 配置文档中的 jsp-property-group 元素，可以统一对多个页面设置转换参数，如通常会使用该元素禁用 scriptlet，或者因为兼容性问题禁用 EL。接下来，在该元素下会定义一个 URL 模式以匹配 JSP 文件进行设置，如匹配所有 jsp 可用"*jsp"，匹配文件夹 dir 下的所有文件可用"dir/*"。但部分不是全部属性，在符合模式的 JSP 页面中会被设置。

第四节　JSP 内置对象

Servlet API 规范包含了一些接口，这些接口向开发者提供了方便的抽象，这些抽象封装了对象的实现。如 HttpServletRequest 接口代表从客户端发送的 HTTP 数据，其中包含头信息、表单参数等。

JSP 根据 Servlet API 规范提供了相应的内置对象，开发者不用事先声明就可以使用标准的变量来访问这些对象。JSP 共提供九种内置对象：request、response、out、session、application、config、pageContext、page 和 exception。JSP 编程时要求熟练应用这些内置对象。下面重点讲解编程中经常使用的一些内置对象。

一、request 对象

request 对象是 JSP 编程中最常用的对象，代表的是来自客户端的请求，它封装了用户提交的信息，例如，在 form 表单中填写的信息等。通过调用 request 对象相应的方法可以获取关于客户请求的信息。它实际上等同于 Servlet 的 HttpServletRequest 对象。常用的方法如表 4 - 1 所示。

表 4 - 1　request 对象和常用方法

方法名称	方法说明
getCookies()	返回客户端的 Cookie 对象，结果是一个 Cookie 数组
getHeader(String name)	获得 HTTP 协议定义的传送文件头信息，如：request. getHeader("User-agent")返回客户端浏览器的版本号、类型
getAttribute(String name)	返回 name 指定的属性值，若不存在指定的属性，就返回空值(null)
getAttributeNames()	返回 request 对象所有属性的名字，结果集是一个 Enumeration(枚举)类的实例
getHeaderNames()	返回所有 request header 的名字，结果集是一个 Enumeration(枚举)类的实例
getHeaders(String name)	返回指定名字的 request header 的所有值，结果集是一个 Enumeration(枚举)类的实例
getMethod()	获得客户端向服务器端传送数据的方法有 GET、POST、PUT 等类型

续表

方法名称	方法说明
getParameter(String name)	获得客户端传送给服务器端的参数值,该参数由 name 指定
getParameterNames()	获得客户端传送给服务器端的所有的参数名,结果集是一个 Enumeration(枚举)类的实例
getParameterValues(String name)	获得指定参数的所有值
getQueryString()	获得查询字符串,该字符串由客户端以 GET 方法向服务器端传送
getRequestURI()	获得发出请求字符串的客户端地址
getServletPath()	获得客户端所请求的脚本文件的文件路径
setAttribute(String name java.lang.Object o)	设定名字为 name 的 request 属性值,该值由 Object 类型的 o 指定
getServerName()	获得服务器的名字
getServerPort()	获得服务器的端口号
getRemoteAddr()	获得客户端的 IP 地址
getRemoteHost()	获得客户端计算机的名字,若失败,则返回客户端计算机的 IP 地址
getProtocol()	获取客户端向服务器端传送数据所依据的协议名称,如 http/1.1

　　利用表单的形式向服务器端提交信息是 Web 编程中最常用的方法。下面以一个调查问卷为例来演示如何通过 request 对象来获取表单提交的信息。首先生成提交问卷信息的静态页面 input.html,完整代码如程序 4 - 7 所示。

程序 **4 - 7**：input. html

```
<!DOCTYPE html PUBLIC "-//w3c//dtd html 4.0 transi-
tional//en">
<html>
<head><meta charset="UTF-8"></head>
<body>
<form action="getParam.jsp">
    姓名<input type="text" name="UserName">
    <br>
    选出你喜欢吃的水果：
<input type="checkbox" name="checkbox1" value="苹果">
    苹果
<input type="checkbox" name="checkbox1" value="西瓜">
    西瓜
<input type="checkbox" name="checkbox1" value="桃子">
    桃子
<input type="checkbox" name="checkbox1" value="葡萄">
    葡萄
<input type="submit" value="提交">
    </form>
</body></html>
```

页面运行结果如图 4 - 3 所示。

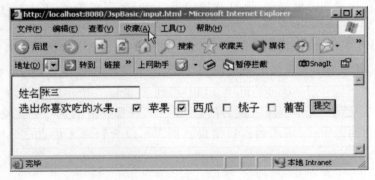

图 **4 - 3**　调查问卷页面

下面添加获取客户端提交的问卷信息的页面 getParam. jsp,完整代码如程序 4-8 所示。

程序 4-8:getParam. jsp

```
<%@ page contentType="text/html;charset=UTF-8"%>
<html>
  <BODY>
    你好,
  <%! String Name;%>
  <%
    request. setCharacterEncoding("UTF-8");
    Name=request. getParameter("UserName");
    String stars=new String("你喜欢吃的水果有:");
     String [] paramValues = request. getParameterValues(
"checkbox1");
         for( int i=0;i<paramValues. length;i++)
             stars+=paramValues[i]+"   ";
  %>
  <%=Name%>
  <br>
  <%=stars%>
  </BODY>
</html>
```

程序说明:JSP 页面通过调用内置 request 对象的 getParameter()方法来获取被调查者的姓名,对于多值参数(如本例中的 checkbox1),则调用 getParameterValues()方法来返回一个包含所有参数值的数组。

保存程序并重新发布 Web 应用,打开 IE 浏览器,在地址栏输入 http://localhost:8080/JspBasic/input. html,得到如图 4-3 所示的运行结果页面。在"姓名"文本框输入姓名信息"张三",选择相应的选项并提交后,将得到如图 4-4 所示的运行结果页面。可以看到输入信息已经成功获取。

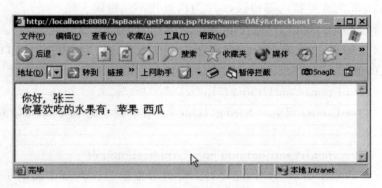

图 4 - 4　调查问卷运行结果页面

注意:使用 request 对象获取信息要格外小心,要避免使用空对象,否则会出现 NullPointerException 异常。

二、response 对象

response 对象向客户端发送数据,如 Cookie、HTTP 文件头信息等。response 对象代表的是服务器端对客户端的响应,也就是说,可以通过 response 对象来组织发送到客户端的信息。但是由于组织方式比较底层,所以不建议一般程序开发人员使用,需要向客户端发送文字时直接使用 out 对象即可。

response 对象常用的方法有:

(1)addCookie(Cookie cookie)。向 response 对象添加一个 Cookie 对象,用来保存客户端的用户信息。如下面代码:

```
<%cookie mycookie=new Cookie("name","hyl");
    response. addCookie(mycookie);%>
```

可以通过 request 对象的 getCookies()方法获得这个 Cookie 对象。

(2)addHeader(String name,String value)。添加 HTTP 文件头,该 Header 将会传到客户端,若同名的 Header 存在,则原来的 Header 会被覆盖。

(3)containsHeader(String name)。判断指定名字的 HTTP 文件头是否存在并返回布尔值。

(4)sendError(int sc)。向客户端发送错误信息,常见的错误信息包括：505 为服务器内部错误，404 为网页找不到错误。如：

response. sendError（response. SC_NO_CONTENT）

（5）setHeader（String name,String value）。设定指定名字的 HTTP 文件头的值，若该值存在，则它会被新值覆盖，如让网页每隔 5 s 刷新一次。

＜％response. setHeader（"Refresh","5"）;％＞

（6）setContentType（String value）。用来设定返回 response 对象类型，如

＜％response. setContentType（"Application/pdf"）;％＞

（7）sendRedirect（String url）。将请求重新定位到一个新的页面。这里必须了解＜jsp:forward＞动作组件与 sendRedirect（String url）这两种服务器间重定位方式的区别。response. sendRedirect（）其实是向浏览器发送一个特殊的 Header，然后由浏览器来做转向，转到指定的页面，所以用 sendRedirect（）时，浏览器的地址栏中可以看到地址的变化；而＜jsp:forward page＝"url"/＞则不同，它是直接在服务器端执行重定位的，这一点从浏览器的地址并不变化可以证实。

下面通过例子来演示如何利用 response 对象进行重定位。首先生成重定位前的页面 greeting. jsp，完整代码如程序 4 - 9 所示。

程序 4 - 9：greeting. jsp

```
＜％@ page language＝"java"％＞
＜％@ page import＝"java. util. * "％＞
＜! DOCTYPE html PUBLIC "-//w3c//dtd html 4. 0 transi-
tional//en"＞
＜html＞
＜head＞
＜title＞Lomboz JSP＜/title＞
＜/head＞
＜body bgcolor=" # FFFFFF"＞
＜％
Date today＝new Date（）;
int h＝today. getHours（）;
if（h＜12）response. sendRedirect（"morning. jsp"）;
else response. sendRedirect（"afternoon. jsp"）;
％＞
```

```
</body>
</html>
```

下面生成重定向的两个页面 morning. jsp 和 afternoon. jsp,代码分别如程序 4-10 和程序 4-11 所示。

程序 4-10:morning. jsp

```
<%@ page contentType="text/html;charset=GB2312"%>
<%@ page language="java"%>
<! DOCTYPE html PUBLIC "-//w3c//dtd html 4.0 transitional//en">
<html>
<head>
<title>Lomboz JSP</title>
</head>
<body bgcolor="#FFFFFF">
早上好!
</body>
</html>
```

程序 4-11:afternoon. jsp

```
<%@ page contentType="text/html;charset=GB2312"%>
<%@ page language="java"%>
<! DOCTYPE html PUBLIC "-//w3c//dtd html 4.0 transitional//en">
<html>
<head>
<title>Lomboz JSP</title>
</head>
<body bgcolor="#FFFFFF">
下午好!
</body>
</html>
```

保存程序并重新发布 Web 应用,打开 IE 浏览器,在地址栏输入 http://localhost:8080/JspBasic/greeting. jsp,看看会得到什么运行结果。调整系统时间,然后重新请求 http://localhost:8080/JspBasic/greeting. jsp,看看

又会得到什么运行结果。注意:仔细观察浏览器的地址栏,可以看到地址栏中的地址发生了变化,这说明页面的重定位是通过客户端重新发起请求实现的,这一点是与<jsp:forward>最本质的区别。

三、session 对象

JSP 提供了内置对象 session 来支持 Web 应用开发过程中的会话管理。可以通过调用 session 对象的 setAttribute ()和 getAttribute ()方法来添加或者读取存储在会话中的属性值。注意:session 中保存和检索的信息不能是 int 等基本数据类型,而必须是 Java Object 对象。

下面通过一个防止重复登录的例子来演示如何利用 session 对象进行 Web 应用开发。首先生成提交登录信息的静态页面 login_session. html。完整代码如程序 4－12 所示。

程序 4－12:login_session. html

```
<html>
<body>
  <form action="logcheck. jsp">
    姓名<input type="text" name="UserName">
    <input type="submit" value="提交">
  </form>
</body>
</html>
```

提交登录信息的静态页面如图 4－5 所示。

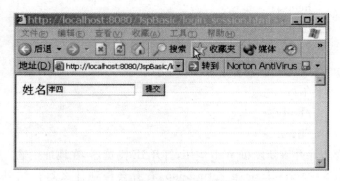

图 4－5 提交登录信息的静态页面

下面生成进行登录处理的 JSP 页面 logcheck. jsp，完整代码如程序 4-13 所示。

程序 4-13：logcheck. jsp

```
<%@ page  contentType = " text/html" pageEncoding = "UTF-8"%>
<%@ page import="java. util. * "%>
<HTML>
<BODY>
<%
request. setCharacterEncoding("UTF-8");
String promt=new String();
String name=request. getParameter("UserName");
boolean hasLog=false;
ArrayList names=(ArrayList) session. getAttribute("lognames");
if(names==null){
names=new ArrayList();
names. add(Name);
session. setAttribute("lognames",names);
 promt="欢迎登录！你的名字已经写入 session";
}else{
for(int i=0;i<names. size();i++){
String temp=(String) names. get(i);
if(temp. equals(Name)){
promt="你已经登录";
hasLog=true;
break;
}
}
if(! hasLog){
names. add(Name);
session. setAttribute("lognames",names);
promt=" 欢迎登录！你的名字已经写入 session";
```

```
                }
              }
       %>
       <br>
       <%=promt%>
   </BODY>
   </HTML>
```

程序说明:程序首先调用 request. getParameter()方法获取提交的用户名称信息,然后调用 session. getAttribute()方法获取已登录人员名称列表,从列表中查找此用户是否已经登录。如果尚未登录,则将用户名称添加到一个存储已登录人员名称的列表 ArrayList 中,并通过调用 session. setAttribute()方法更新会话中保存的已登录人员名称列表信息;否则,提示用户已经登录。

保存程序并重新发布 Web 应用,打开 IE 浏览器,在地址栏输入 http://localhost:8080/JspBasic/login_session. html,得到如图 4-5 所示的运行结果页面。在"姓名"文本框中输入"李四",单击"提交"按钮提交页面信息,得到如图 4-6 所示运行结果页面,提示已将登录者的姓名写入了 session。单击浏览器工具栏的"后退"按钮,在"姓名"文本框中重新输入"李四",单击"提交"按钮提交页面信息,由于已将登录者的姓名写入了 session,因此系统将提示用户已经登录,运行结果如图 4-7 所示。

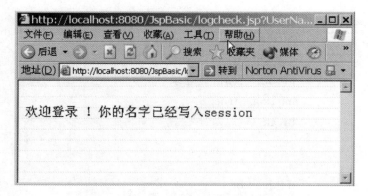

图 4-6 第一次登录成功运行结果页面

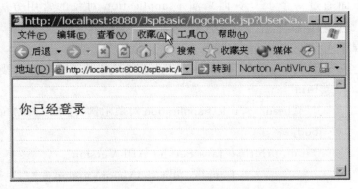

图 4-7　重复登录运行结果页面

四、application 对象

application 对象代表运行在服务器上的 Web 应用，相当于 Servlet 上下文，一旦创建，除非服务器关闭，否则将一直保持下去。

application 对象常用的方法如表 4-2 所示。

表 4-2　application 对象的常用方法

方法名称	方法说明
getAttribute(String name)	返回由 name 指定名字的 application 对象属性的值，这是个 Object 对象
setAttribute(String name,Object object)	用 object 来初始化某个属性，该属性由 name 指定
getAttributeNames()	返回所有 application 对象属性的名字，结果集是一个 Enumeration(枚举)类的实例
getInitParameter(String name)	返回 application 初始化参数属性值，属性由 name 指定
getServerInfo()	获得当前版本 Servlet 编译器的信息
getMimeType()	获取组件 MIME 类型
getRealPath()	获取组件在服务器上的真实路径

下面通过一个 JSP 页面来演示 application 对象的常用方法的使用，完整代码如程序 4－14 所示。

程序 4－14：application. jsp

```
<%@ page contentType="text/html;charset=GB2312"%>
<html>
    <head><title>application 对象示例</title></head>
<body>
<%out. println ("Java Servlet API Version"
                +application. getMajorVersion ()+"."
                +application. getMinorVersion ()+"<br>") ;
    out. println (" 'application. jsp' is MIME type is:"
                +application. getMimeType ("application. jsp")
                +"<br>") ;
    out. println ("URL of 'application. jsp' is:"
                +application. getResource ("/application. jsp")
                +"<br>") ;
    out. println ("getServerInfo ()="+application. getServerInfo ()
                +"<br>") ;
    out. println( application. getRealPath ("application. jsp")) ;
    application. log ("Add a Record to log_file") ;%>
</body>
</html>
```

程序说明：通过调用 application 对象的各种方法来获取 application 对象的各种属性信息，其中 getMajorVersion ()用来获取服务器支持的 Servlet 版本，getMimeType ()用来获取组件的 MIME 类型，getServerInfo ()用来获取服务器版本信息等。

在 application 对象中也可以存储属性信息，由于 application 对象在整个 Web 应用的过程中都有效，因此在 application 对象中最适合放置整个应用共享的信息。但由于 application 对象生命周期长，因此对于存储在 application 对象中的属性对象要及时清理，以避免占用太多的服务器资源。下面以一个网页计数器的例子来说明如何在 application 对象中存储属性信息，网页计数器 JSP 页面代码如程序 4－15 所示。

程序 **4 - 15**：counter. jsp

```
<%@ page contentType = "text/html;charset=GB2312"%>
<!DOCTYPE html PUBLIC "-//w3c//dtd html 4.0 transi-
tional//en">
<html>
<head>
<title>网页计数器</title>
</head>
<body>
<%if(application. getAttribute("counter")==null)
    application. setAttribute("counter","1");
    else{
        String times=null;
        times=application. getAttribute("counter").toString();
        int icount=0;
        icount=Integer. valueOf(times). intValue();
        icount++;
        application. setAttribute("counter",Integer. toString
(icount));
    }%>
您是第<%=application. getAttribute("counter")%>位访
问者!
</body>
</html>
```

程序说明：为实现网页计数功能，向 application 对象中添加一个名为
counter 的属性。每次网页被访问时，通过调用 application 对象的 get-
Attribute()方法获取网页计数器的值，通过 application 对象的 setAttribute()
方法将网页计数器更新后的值重新添加到 application 对象中。由于
Application 对象的生命周期是整个 Web 应用的生命周期，因此它可以
准确地记录 Web 应用运行期间网页被访问的次数。

打开浏览器，在地址栏中输入 http://localhost:8080/JspBasic/
counter. jsp，可以得到如图 4 - 8 所示页面。不断刷新页面，可以看到网
页计数不断更新。即使关掉浏览器，再重新打开运行，网页计数器仍然

准确地记录着页面被访问的次数。这是因为存储在 application 对象中的网页计数变量在服务器运行期间一直存在。

图 4-8　网页计数器

五、out 对象

out 对象代表了向客户端发送数据的对象,与 response 对象不同,通过 out 对象发送的内容将是浏览器需要显示的内容,是文本一级的,可以通过 out 对象直接向客户端写一个由程序动态生成的 HTML 文件。常用的方法除了 print () 和 println () 之外,还包括 clear ()、clearBuffer ()、flush ()、getBufferSize () 和 getRemaining (),这是因为 out 对象内部包含了一个缓冲区,所以需要一些对缓冲区进行操作的方法。

六、exception 对象

exception 对象用来处理 JSP 文件在执行时所有发生的错误和异常,有三个常用方法。

(1)getMessage ():返回错误信息。

(2)printStackTrace ():以标准错误的形式输出一个错误和错误的堆栈。

(3)toString ():以字符串的形式返回一个对异常的描述。注意:必须在＜%@ page isErrorPage＝"true"%＞的情况下才可以使用 exception 对象。

下面通过一个示例来演示 exception 对象在处理 JSP 错误和异常情

况下的应用。首先生成一个抛出意外的 JSP 页面 makeError. jsp，完整
代码如程序 4 - 16 所示。

程序 4 - 16：makeError. jsp

```
<%@ page errorPage="exception. jsp"%>
<html>
<head>
<title>错误页面</title>
</head>
<body>
<%
String s=null;
s. getBytes ();//这将抛出 NullPointerException 异常
%>
</body>
</html>
```

下面生成利用 exception 对象处理 JSP 错误和异常的页面 exception. jsp，完整代码如程序 4 - 17 所示。

程序 4 - 17：exception. jsp

```
<%@ page contentType="text/html;charset=GB2312"%>
<%@ page isErrorPage="true"%>
<html>
<body bgcolor="#ffffc0">
<h1>错误信息显示</h1>
<br>An error occured in the bean. Error Message is:<br>
<%=exception. getMessage ()%><br>
<%=exception. toString ()%><br>
</body>
</html>
```

程序说明：打开浏览器，在地址栏中输入 http://localhost:8080/
JspBasic/makeError. jsp，可以得到如图 4 - 9 所示的页面。在程序 make-
Error. jsp 中将字符串 s 设置为 null，然后调用其 getByte ()方法，势必抛
出异常。由于通过语句<%@ page errorPage="exception. jsp"%>定义
了此页面的错误处理页面为 exception. jsp，因此错误信息导向页面 excep-

tion. jsp。在 exception. jsp 中执行语句＜%@ page isErrorPage＝"true"%＞，
因此可以调用内置对象 exception 的各种方法来显示错误信息。

图 4-9   利用 exception 对象显示错误信息

七、内置对象的作用范围

任何一个 Java 对象都有其作用域范围，JSP 的内置对象也不例外。
归纳起来，共有四种范围：

（1）page。page 范围内的对象仅在 JSP 页面范围内有效，超出 JSP
页面范围，则对象无法获取。

（2）request。客户向服务器发起的请求称为 request（请求）。由于
采用＜jsp:forward＞和 response. sendRedirect ()等重定位技术，客户端
发起的 request 可以跨越若干个页面。因此定义为 request 范围的 JSP
内置对象可以在 request 范围内的若干个页面内有效。

（3）session。客户端与服务器端的交互过程，称为 session（会话）。
在客户端与服务器端的交互过程中，可以发起多次请求，一个 session 可以
包含若干个 request。定义为 session 范围的 JSP 内置对象可以在跨越若干
个 request 的范围内有效。

（4）application。部署在服务器上的 Web 应用与所有客户端的交互
过程，称为 application。一个 application 可以包含若干个 session。定
义为 application 范围的 JSP 内置对象可以在跨越若干个 session 的范围

内有效。

综上所述,一个 Web 服务器上可以部署多个 application,一个 application 可以包含多个 session,一个 session 可以包含若干个 request,一个 request 可以包含若干个 page。以一个聊天室 Web 应用为例,作为部署在服务器上的一个 application,每个加入到聊天室的客户与服务器间的交互过程即聊天过程为一个 session。在客户 A 聊天过程中,其既可以向客户 B 发送信息,又可以向客户 C 发送信息,客户 A 向客户 B 和客户 C 发送信息的过程都是一个 request。·

JSP 常见内置对象及其对应的 Java 类型和作用范围如表 4 - 3 所示。

表 4 - 3　JSP 内置对象对应类型及作用范围

JSP 内置对象	类型	作用范围
request	javax. servlet. servletRequest	request
response	javax. servlet. servletResponse	page
session	javax. servlet. http. HttpSession	session
application	javax. servlet. servletContext	application
page	javax. lang. Object	page
out	javax. servlet. jsp. JspWriter	page
pageContext	javax. servlet. jsp. PageContext	page
config	javax. servlet. servletConfig	page
exception	javax. lang. Throwable	page

第五节　JSP 的异常处理

JSP 页面在执行时会出现两类异常,实际上就是 javax. servlet. jsp 包中的两类异常 JspError 和 JspException。

一、JspError

在 JSP 文件转换成 Servlet 文件时,出现的错误被称为"转换期错误"。这类错误一般是由语法错误引起的,导致无法编译,因而在页面中报 HTTP-500 错误。这种类型的错误由 JspError 类处理。一旦 JspError 异常发生,动态页面的输出将被终止,然后被定位到错误页面中。

二、JspException

编译后的 Servlet Class 文件,在处理 request 时,逻辑上的错误导致"请求期异常"。这样的异常通常由 JspException 类处理,或者用自定义错误处理页面来处理这类错误,即使用 page 指令的 errorPage 属性和 isErrorPage 属性进行控制。

第六节　实现登录的例子

一、JSP 页面代码

程序 4-18 为登录代码 login. html。前端采用 Bootstrap 框架,通过 form 表单提交数据到 Servlet。登录成功后,跳转到登录成功页面,否则提示登录失败。

程序 4-18:登录代码 login. html

```
<! DOCTYPE html>
<html>
<head>
  <meta charset="utf-8">
  <title>Bootstrap 实例－水平表单</title>
  <link rel="stylesheet" href="https://cdn. staticfile. org/twi-
```

```
tter-bootstrap/3. 3. 7/css/bootstrap. min. css">
    <script src=" https://cdn. staticfile. org/jquery/2. 1. 1/jquery.
min.js"></script>
    <script src = " https://cdn. staticfile. org/twitter-bootstrap/
3. 3. 7/js/bootstrap. min. js"></script>
    <style type="text/css">
    body{
    margin-top:30px;
    }
    </style>
    </head>
    <body>
    <form class = " form-horizontal" role = " form" action = " login"
method="post">
    <div class="form-group">
    <label for="firstname" class="col-sm-2 control-label">名字
</label>
    <div class="col-sm-4">
    <input type = " text" class = " form-control" id = " firstname"
name="username" placeholder="请输入名字">
    </div>
    </div>
    <div class="form-group">
    <label for="lastname" class="col-sm-2 control-label">密码
</label>
    <div class="col-sm-4">
    <input type = " text" class = " form-control" id = " lastname"
name="password" placeholder="请输入密码">
    </div>
    </div>
    <div class="form-group">
    <div class="col-sm-offset-2 col-sm-4">
    <button type = " submit" class = " btn btn-default">登录</
```

button>

    <a href="register2. html" class="btn btn-default" role="button">
注册</a>

    </div>

    </div>

</form>

</body>

</html>

二、Servlet 代码

Servlet 获取登录页面 form 表单中的用户名和密码,调用数据库操作类的相应方法验证用户名和密码是否正确,如果验证通过则跳转到登录成功页面,否则跳转到登录失败页面。完整代码如程序 4 - 19 所示。

程序 4 - 19:

```
@ WebServlet("/login")
public class LoginServlet extends HttpServlet {
    private static final long serialVersionUID=1L;
    /**
     * @ see HttpServlet # HttpServlet()
     */
    public LoginServlet() {
        super();
        //TODO Auto-generated constructor stub
    }
    /**
     * @ see HttpServlet # doGet(HttpServletRequest request,Ht-
tpServletResponse response)
     */
    protected void doGet(HttpServletRequest request,HttpServlet-
Response response) throws ServletException,IOException{
```

```
//设置请求的编码方式用 utf-8 进行编码
request. setCharacterEncoding ("utf-8") ;
//获取页面中 form 表单输入框名称为 username 的值,并赋给变
量 name
String name＝request. getParameter ("username") ;
String pwd＝request. getParameter ("password") ;
//调用数据库接口,判断当前的用户名和密码是否正确
UserDB userdb＝new UserDB () ;
if ( userdb. checkLogin ( name,pwd )){
//把当前的用户名存放到 session 对象中
HttpSession session＝request. getSession () ;
//一个键值对,currentUser 是键,name 是值
session. setAttribute ("currentUser",name ) ;
        //调用数据库操作方法获取用户表中所有用户信息
ArrayList＜User＞users＝userdb. queryUsers () ;
request. setAttribute ()"userlist",users ) ;
//请求转发
request. getRequestDispatcher ("index. jsp") . forward ( request,
response ) ;
    }else{
//请求转发
request. getRequestDispatcher ("failure. html") . forward ( request,
response ) ;
    }
    }
/ **
    * @ see HttpServlet # doPost ( HttpServletRequest request,Http-
ServletResponse response )
    * /
protected void doPost ( HttpServletRequest request,HttpServlet-
Response response ) throws ServletException,IOException{
//TODO Auto-generated method stub
doGet ( request,response ) ;
```

```
        }
    }
```

三、数据库操作类

根据用户的用户名和密码查询数据库表,如果存在则返回 true,否则返回 false。完整代码如程序 4 - 20 所示。

程序 4 - 20:

```
public class UserDB {
    private String driver="com. mysql. cj. jdbc. Driver";
    private String dburl=
" jdbc: mysql://127. 0. 0. 1: 3306/users? serverTimezone = UTC&
useSSL=false&allowPublicKeyRetrieval=true";
    private String username="root";
    private String password="123456";
    //加载驱动获取数据库连接
    private Connection getConnection () throws SQLException{
        //加载驱动
        try {
            Class. forName (driver) ;
        } catch (ClassNotFoundException e) {
            //TODO Auto-generated catch block
            e. printStackTrace ();
        }
        Connection dbconn=DriverManager. getConnection (dburl,
username,password) ;
        return dbconn;
    }
    public boolean checkLogin (String username,String password){
        String sql=" select * from user where username=? and
password=?";
        boolean isExisted=true;
```

```
try{
    Connection dbconn＝getConnection();
    PreparedStatement pstmt＝dbconn. prepareStatement
(sql);
    pstmt. setString(1,username);
    pstmt. setString(2,password);
    ResultSet rs＝pstmt. executeQuery();
    if(rs. next()){
        return true;
    }else{
        return false;
    }
}catch(SQLException se){
    System. out. println(se);
}
return isExisted;
    }
}
```

四、实体类

对于实体类,可以理解为属性类,通常定义在模型(model)层中,一般的实体类对应一个数据库表,其中类的属性对应数据库表中的字段。通过实体类的使用,体现面向对象的思想,把数据库表的相关信息用实体类封装后,程序利用实体类作为参数传递,更加安全和方便。完整代码如程序 4－21 所示。

程序 4－21：

```
public class User {
    private int userID;
    public int getUserID() {
        return userID;
    }
```

```
public void setUserID ( int userID ) {
    this. userID = userID;
}
private String username;
private String password;
private String sex;
private String hobbies;
public String getUsername () {
    return username;
}
public void setUsername ( String username ) {
this. username = username;
}
public String getPassword () {
    return password;
}
public void setPassword ( String password ) {
    this. password = password;
}
public String getSex () {
    return sex;
}
public void setSex ( String sex ) {
    this. sex = sex;
}
public String getHobbies () {
    return hobbies;
}
public void setHobbies ( String hobbies ) {
    this. hobbies = hobbies;
}
}
```

第五章 使用 JSTL

JSTL 是一个不断完善的开放源代码的 JSP 标签库,在 JSP 2.0 中已将 JSTL 作为标准支持。使用 JSTL 可以取代在传统 JSP 程序中嵌入 Java 代码的做法,大大提高了程序的可维护性。本章将对 JSTL 的下载和配置以及 JSTL 的标签进行详细介绍。

第一节 JSTL 概述

JSTL 标签是基于 JSP 页面的,它是提前定义好的一组标签。在 JSP 页面中,使用 JSTL 标签可以避免使用 Java 代码。标签的功能非常强大,仅使用一个简单的标签,就可以实现一段 Java 代码的功能。

JSTL 是标准的标签语言,它是对 EL 表达式的扩展,即 JSTL 依赖于 EL。使用 JSTL 标签库非常方便,它与 JSP 动作标签一样,但是它不是 JSP 内置的标签,需要用户导入 JSTL 的 JAR 包。

如果使用 MyEclipse 开发 Java Web,那么在把项目发布到 Tomcat 时,需要将 JSTL 标签使用到的 JAR 包复制到当前 Web 项目的 WebRoot/WEB-INF/lib 文件夹中。

在 JSP 页面中使用标签时,需要使用 taglib 指令导入标签库。除了 JSP 动作标签外,使用其他第三方的标签库都需要导入 JAR 包。

在 JSP 页面中,一般使用 taglib 指令导入核心标签库(core),其语法格式如下:

<%@ taglib prefix="c" uri="http://java. sun. com/jsp/jstl/core"%>

参数说明如下:

(1)prefix:指定标签库的前缀。这个前缀的值,用户可以自定义,但一般使用 core 标签库时,指定前缀为 c。

（2）uri：指定标签库的 uri，它不一定是真实存在的网址，但它可以让 JSP 找到标签库的描述文件。

第二节　JSTL 的下载与配置

由于 JSTL 还不是 JSP 2.0 规范中的一部分，所以在使用 JSTL 之前，需要安装并配置 JSTL。下面将介绍如何配置 JSTL。

JSTL 标签库可以到 Oracle 公司的官方网站上下载，在浏览器地址栏中输入"http://java. sun. com/products/jsp/jstl"，将会自动转发至 Oracle 公司官方下载网址。JSTL 的标签库下载完毕后，就可以在 Web 应用中配置 JSTL 标签库。配置 JSTL 标签库有两种方法：一种是直接将 jstl-api-1. 2. jar 和 jstl-impl-1. 2. jar 复制到 Web 应用的 WEB-INF/lib 目录中；另一种是在 MyEclipse 中通过配置构建路径的方法进行添加，具体步骤如下：

（1）在项目名称节点上右击，在弹出的快捷菜单中选择"构建路径"→"添加库"命令，在打开的"添加库"对话框中选择"用户库"节点，单击"下一步"按钮，将打开如图 5-1 所示的对话框。

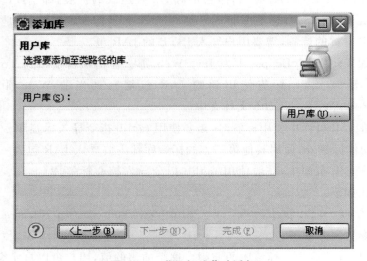

图 5-1　"添加库"对话框

(2)单击"用户库"按钮,在打开的"首选项"对话框中单击"新建"按钮,将打开"新建用户库"对话框,在该对话框中输入用户库名称,这里为JSTL 1.2,如图 5-2 所示。

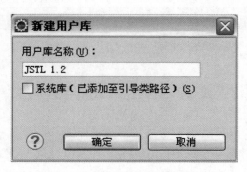

图 5-2 "新建用户库"对话框

(3)单击"确定"按钮,返回到"首选项"对话框,在该对话框中将显示刚刚创建的用户库,如图 5-3 所示。

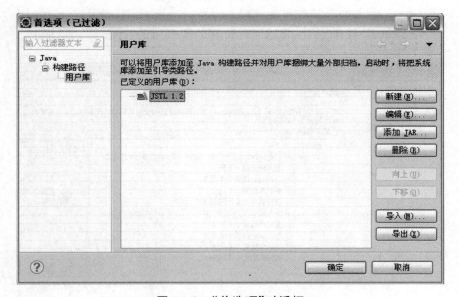

图 5-3 "首选项"对话框

(4)选中"JSTL 1.2"节点,单击"添加 JAR"按钮,在打开的"选择 JAR"对话框中选择刚刚下载的 JSTL 标签库,如图 5-4 所示。

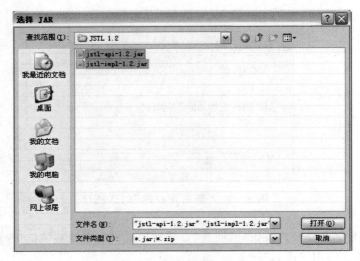

图 5-4 选择 JSTL 标签库

(5)单击"打开"按钮,将返回到如图 5-5 所示的"首选项"对话框中。

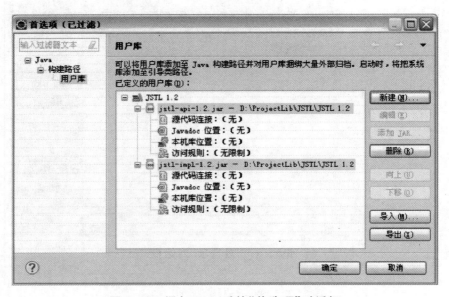

图 5-5 添加 JAR 后的"首选项"对话框

(6)单击"确定"按钮,返回到"添加库"对话框,在该对话框中单击"完成"按钮,完成 JSTL 库的添加。选中当前项目,并刷新该项目,这时可以看到在项目节点下,将添加一个 JSTL 1.2 节点,如图 5-6 所示。

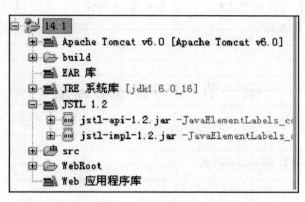

图 5-6 添加到 MyEclipse 项目中的 JSTL 库

(7)在项目名称节点上右击,在弹出的快捷菜单中选择"属性"命令,将打开项目属性对话框,在该对话框的左侧列表中选择"J2EE 模块依赖性"节点,在其右侧表格中将 JSTL 1.2 前面的复选框选中,如图 5-7 所示。

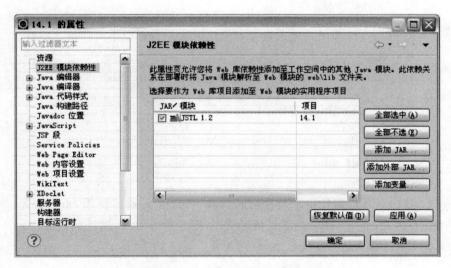

图 5-7 选择"J2EE 模块依赖性"节点

(8)单击"应用"按钮应用该设置,然后再单击"确定"按钮即可。这里介绍的添加 JSTL 标签库文件到项目中的方法,也适用于添加其他的库文件。

至此,下载并配置 JSTL 的基本步骤就完成了。这时即可在项目中使用 JSTL 标签库。

第三节　JSTL 常用标签

一、JSTL 核心标签库

(一)表达式标签

表达式标签包括＜c:out＞、＜c:set＞、＜c:remove＞、＜c:catch＞四种,下面分别介绍。

1. ＜c:out＞标签

＜c:out＞标签用来输出数据对象的内容。它有以下两种语法格式。

格式 1:

＜c:out value＝"value"［escapeXML＝"(true | false)"］default＝"defaultValue"/＞

格式 2:

＜c:out value＝"value"［escapeXML＝"(true | false)"］＞

　　default value

＜/c:out＞

其中,value 属性指定要显示的内容,可以是普通字符串,也可以是 EL 表达式;如果 value 的属性值为 null,则显示 default 属性的内容;escapeXML 表示是否要转换字符,例如将"＞"转换为"&gt"。

2. ＜c:set＞ 标签

＜c:set＞标签用于设置某个作用域变量或者对象(JavaBean 或 Map)

的属性值。它有四种语法格式,其中格式 1 和格式 2 用于设置变量的值,格式 3 和格式 4 用于设置对象的属性值,具体格式如下所示。

格式 1:

<c:set var=" varName" value="value"[scope="(page|request|session|application)"]>

格式 2:

<c:set var="varName" [scope="(page|request|session|application)"]/>value

</c:set>

其中,var 表示要设置内容的变量名,value 表示要设置的内容,scope 表示要设置内容的作用范围。

格式 3:

<c:set target="target" property="propertyName" value="value"/>

格式 4:

<c:set target="target" property="propertyName">

value

</c:set>

其中,target 表示要设置内容属性的对象名,property 表示要设置的属性,其他同格式 1 中属性。

3. <c:remove> 标签

<c:remove>标签用于从作用域中删除变量。语法格式为:

<c:remove var="varName" [scope="page|request|session|application"] />

其中,var 表示要删除的变量名,scope 表示要删除变量的作用范围。

4. <c:catch> 标签

<c:catch>标签用于处理产生错误的异常情况,并且将信息保存起来。语法格式为:

<c:catch [var="varName"]>

　　可能发生异常的语句

</c:catch>

其中,var 用来保存异常信息。

(二)流程控制标签

流程控制标签包括<c:if>、<c:choose>、<c:when>、<c:otherwise>
4 种,下面分别介绍。

1. <c:if> 标签

<c:if>标签用于进行条件判断。它有以下两种语法格式。

格式 1:

<c:if test="testCondition" var="varName"[scope="{page|re-quest|session|application}"]/>

格式 2:

<c:if test="testCondition" var="varName"[scope="{page|re-quest|session|application}"]>

    body content

</c:if>

其中,属性 test 指定条件表达式,其可以是 EL 表达式;属性 var 指
定用于保存条件表达式结果的变量;scope 用于保存条件表达式结果变
量名的作用域。

2. <c:choose> 标签、<c:when> 标签、<c:otherwise> 标签

<c:choose>标签需要和<c:when>、<c:otherwise>标签结合使
用进行条件判断。

<c:choose>

    <c:when test="testCondition">body content</c:when>

      ...

    <c:when test="testCondition">body content</c:when>

    <c:otherwise>

      body content

    </c:otherwise>

</c:choose>

<c:choose>标签要作为<c:when>标签和<c:otherwise>标签的

父标签使用,＜c:choose＞根据子标签＜c:when＞决定执行内容,如果没有一个条件成立,而存在＜c:otherwise＞子标签,则执行＜c:otherwise＞中标签体的内容。＜c:otherwise＞标签在嵌套中只允许出现一次。

(三)循环标签

循环标签包括＜c:forEach＞和＜c:forTokens＞。

1. ＜c:forEach＞ 标签

＜c:forEach＞标签用于循环控制,可以遍历变量也可以遍历集合中的元素。它有以下两种语法格式。

格式 1:

＜c:forEach［var＝"varName"］［begin＝"begin" end＝"end" step＝"step"］［varStatus＝"varStatusName"］＞

　　　body content

＜/c:forEach＞

格式 1 类似 Java 语言中的 for 循环,var 指定循环变量、begin 指定变量初值、end 指定变量结束的值、step 指定每次循环变量增加的步长、varStatus 指定状态。

其中,varStatus 有 4 种状态,分别是:index 表示当前循环的索引值、count 表示已经循环的次数、first 表示是否为第一个位置、last 表示是否为最后一个位置。如果指定了 varStatus 属性,值假如为"s",那么在标签体中就可以通过 s. index 的形式来访问。

格式 2:

＜c: forEach［var＝" varName"］items＝" collection"［varStatus＝"varStatusName"］［begin＝"begin" end＝"end" step＝"step"］＞

　　　body content

＜/c:forEach＞

格式 2 中的 items 指定要遍历的集合、var 保存集合中的每个元素、begin 指定循环开始的下标、end 指定循环结束的下标、step 指定步长、varStatus 指定状态。

2. ＜c:forTokens＞标签

＜c:forTokens＞标签用于浏览字符串中的成员,可以指定一个或者多个分隔符。语法格式如下：

<c:forTokens items="stringOfTokens" delims="delimiters"
　　[var="varName"] [varStatus="varStatusName"]
　　[begin="begin"] [end="end"] [step="step"]>
　　body content
</c:forTokens>

标签中 items 属性指定要浏览的字符串，它可以是字符串常量也可以是 EL 表达式；delims 指定分割符号、var 定义一个名称，用来保存分割以后的每个子字符串；其他属性与<c:forEach>标签中相同。在标签体中可以对分割以后的子字符串进行使用。

(四)URL 相关标签

JSTL 中包含了 4 个与 URL 相关的标签，分别是<c:param>标签、<c:import>标签、<c:redirect>标签、<c:url>标签。

1. <c:param>标签

<c:param>标签用于将参数传递给所包含的文件，主要用在<c:import>标签、<c:url>标签、<c:redirect>标签中指定请求参数。它有以下两种语法格式。

格式 1：

<c:param name="name" value="value"/>

格式 2：

<c:param name="name">
　　param value
</c:param>

其中，name 属性指定参数名，value 属性指定参数值。

2. <c:import>标签

<c:import>标签用于将静态或动态文件包含到 JSP 页面中，它与<jsp:include>的功能类似。它有以下两种语法格式。

格式 1：

<c:import url="url" [context="context "] [var="varName"]

［scope＝"page|request|session|application"］

　　［charEncoding＝"charEncoding"］＞

　　body content

　　＜/c:import＞

其中,属性 url 指定要包含资源的 URL,context 指定资源所在的上下文路径,var 定义存储要包含文件内容的变量名,scope 指定 var 的作用范围,charEncoding 指定被包含文件的编码格式。

格式 2:

　　＜c: import　url ＝" url"　［context ＝" context"］　［varReader ＝"varreaderName"］

　　［charEncoding＝"charEncoding"］＞

　　body content

　　＜/c:import＞

其中,varReader 指定以 Reader 类型存储被包含内容的名称,其他与格式 1 相同。

3.　＜c:redirect＞标签

＜c:redirect＞标签用于将客户端请求从一个 JSP 页面重定向到其他页面,它有以下两种语法格式。

格式 1:

　　＜c:redirect url＝"url" ［context＝"context"］/＞

格式 2:

　　＜c:redirect url＝"url" ［context＝"context"］＞

　　　＜c:param ＞子标签

　　＜/c:redirect＞

其中,url 指定重定向的地址,context 指定 url 的上下文。可以使用＜c:param＞为其传递参数。该标签与 HttpServletResponse 的 send-Redirect ()的作用相同。

4.　＜c:url＞ 标签

＜c:url＞标签用于生成一个 URL。它有以下两种语法格式。

格式 1:

　　＜c:url value＝"value" ［context＝"context"］［var＝"varName"］

［scope="page｜request｜session｜application"］/＞

格式 2：

＜c:url value="value"［context="context"］［var="varName"］

　　［scope="page｜request｜session｜application"］＞

　　＜c:param name="" value="value"/＞

＜/c:url＞

其中,属性 value 指定一个 URL,当使用相对路径引用外部资源时,就用 context 指定上下文,var 指定保存 URL 的名称。可以使用＜c:param＞标签传递属性名和值。

例如,使用＜c:url value="forTokens. jsp" var="path1"/＞的属性 value 构建一个 URL 并保存在 var 指定的变量 path1 中,之后就可以使用 path1 的地址。例如,在＜c:redirect url="＄｛path1｝"/＞中使用 path1 中的值作为属性 url 的值,实现重定向目标地址。

二、I18N 标签库

I18N 标签库主要包括国际化标签和格式化标签。格式化标签用于处理日期、时间和数字格式。要使用 I18N 标签库,需在 JSP 页面中使用下面的 taglib 指令：

＜%@ taglib uri="http://java. sun. com/jsp/jstl/fmt" prefix="fmt"%＞

(一)设置语言环境标签＜fmt:setLocale＞

＜fmt:setLocale＞标签用于设置格式化日期时间和数值时使用的语言环境,其语法格式如下：

＜fmt:setLocale value="语言环境"［variant="供应商或浏览器名称"］［scope="(page｜request｜session｜application)"］/＞

其中：

(1)value 属性:指定语言环境,可以使用字符串或 java. util. Locale 实例。

(2)variant 属性:指定供应商或浏览器名称,较少使用。

(3)scope 属性:指定语言环境设置的作用范围,默认值为 page。

当 value 属性值为字符串时,其格式为 ISO 语言代码+下划线或连字符+国家/地区代码,例如,zh_CN 表示汉语和中国,en_US 表示英语和美国。当 value 属性值为 java. util. Locale 实例时,variant 属性被忽略。例如:

<fmt:setLocale value="zh_CN"/>

(二)加载本地资源包标签<fmt:bundle>

<fmt:bundle>标签用于加载本地资源包,其语法格式如下:

<fmt:bundle basename="资源包名称"[prefix="前缀"]>
　　嵌套代码
</fmt:bundle>

其中,basename 属性指定资源包名称,prefix 属性指定资源包中键的默认前缀。例如:

<fmt:bundle basename="myResources">
　　...
</fmt:bundle>

<fmt:bundle>标签加载的资源包只能在标签体内部的嵌套代码中使用,通常使用<fmt:message>读出资源中的数据。

JSTL 使用 java. utilResourceBundle 类的 getBundle (String basename, java. util. Locale locale)方法搜索资源包。资源包可以是一个 Resource-Bundle 子类,或者是一个属性资源文件。下面是一个典型的属性资源文件内容:

username=chinaxbg

password=123

其中,等号左边的字符串称为键,等号右边为键值。键可以加前缀,例如:

xbg. res. username=chinaxbg

xbg. res. password=123

为了在访问时省略前缀,可在<fmt:bundle>标签中用 prefix 属性指定默认前缀。

JSTL 根据给定的资源包名称和语言环境(用<fmt:setLocale>标签设置)构造资源包的本地名称,基本格式如下:

资源包名称＋"_"＋语言代码＋"_"＋国家/地区代码＋供应商或浏览器名称

如果未设置语言代码、国家/地区代码、供应商或浏览器名称,则使用系统默认设置。例如:

```
<fmt:setLocale value="zh_CN"/>
<fmt:bundle basename="myResources">
    ...
</fmt:bundle>
```

根据两个标签设置,资源包的本地名称为 myResources_zh_CN。JSTL 在搜索时,首先查找是否存在名称为 myResources_zh_CN. class 的 ResourceBundle 子类,如果存在则将其作为资源包载入。如果没有匹配的 ResourceBundle 子类,则进一步查看是否存在名称为 myResources_zh_CN. properties 的属性文件。资源包名称的前缀映射到类的包名称,或者作为属性文件名的路径(前缀中的".”均转换为“/”)。例如:

```
<fmt:setLocale value="zh_CN"/>
<fmt:bundle basename="xbg. res. myResources">
    ...
</fmt:bundle>
```

资源包的前缀“xbg. res”为包名称,或者对应的属性资源文件的路径“xbg/res”。

在 Web 应用程序中,为了使用本地资源包,必须在 context. xml 文件中配置 javax. servlet. jsp. jstl. fmt. localizationContext 变量。例如:

```
<context-param>
    <description>我的资源文件配置</description>
    <param-name>javax. servlet. jsp. jstl. fmt. localizationContext
    </param-name>
    <param-value>myResources</param-value>
</context-param>
```

其中,<description>标签定义描述信息,<param-value>标签定义本地资源包名称。

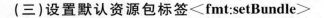

(三)设置默认资源包标签<fmt:setBundle>

<fmt:setBundle>标签用于设置默认资源包,其语法格式如下:

<fmt:setBundle basename="资源包名称"[var="变量名称"]
[scope="{page|request|session|application}"]/>

其中,basename 属性为指定资源包名称。var 属性为指定一个变量保存资源包。scope 属性为指定 var 变量的作用范围,默认值为 page。

var 属性指定的变量类型为 javax.servlet.jsp.jstl.fmt. localizationContext。如果指定了 var 变量,<fmt:setBundle>标签将资源包保存到该变量中,在指定的范围中通过变量来访问资源包数据。如果省略了 var 属性,资源包保存到 javax. servlet. jsp. jstl. fmt. localizationContext 配置变量中。

(四)从资源包中读出指定键的键值标签<fmt:message>

<fmt:message>标签用于从资源包中读出指定键的键值,其语法格式如下:

格式 1(无标签体):

<fmt:message key="键"[bundle="资源包"][var="变量"]
[scope="{page|request|session|application}"]/>

格式 2(在标签体中指定参数):

<fmt:message key="键"[bundle="资源包"][var="变量"]
[scope="{page|request|session|application}"]>

　　<fmt:param>子标签

</fmt:message>

格式 3(在标签体中指定键和参数):

<fmt:message [bundle="资源包"][var="变量"][scope=
"{page|request|session|application}"]>

　　<fmt:param> 子标签

</fmt:message>

其中,key 属性为指定要读取的键。bundle 属性为指定资源包名称。var 属性为指定一个变量,该变量用于保存从资源包读出的键值。省略 var 属性时,键值输出到 JSP 文档中。scope 属性为指定 var 变量的作用范围,默认值为 page。

例如,输出资源包中 username 的键值:

<fmt:bundle basename="myResources">

    <fmt:message key="username"/>

</fmt:bundle>

等价于:

<fmt:bundle basename="myResources">

    <fmt:message key="username" var="name"/>$ {name}

</fmt:bundle>

等价于:

<fmt:setBundle basename="myResources" var="myBundle"/>

<fmt:message key="username" bundle="$ {myBundle}"/>

(五)提供参数标签<fmt:param>

<fmt:param>标签用于为<fmt:message>标签读取的键值提供参数,其语法格式如下:

格式 1(用 value 属性指定参数值):

<fmt:param value="参数值"/>

格式 2(在标签体中指定参数值):

<fmt:param>

  参数值

</fmt:param>

在键值中,可使用参数模板定义替换参数,例如:

welcome=欢迎来自{0}的{1},现在是{2,date,long} {3,time,long}

大括号中的内容为参数模板,0、1、2、3 为参数序号。对于数字、日期和时间,可在模板中定义参数格式。在<fmt:message>标签读取键值时,可使用<fmt:param>标签提供替换参数。例如:

<fmt:setBundle basename="myResources" var="myBundle"/>

<fmt:message key="welcome" bundle="$ {myBundle}">

    <fmt:param value="中国"/>

    <fmt:param value="张三"/>

    <fmt:param value="<%=new Date()%>"/>

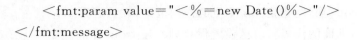

```
<fmt:param value="<%=new Date()%>"/>
</fmt:message>
```

(六)提供编码字符集标签<fmt:requestEncoding>

<fmt:requestEncoding>标签用于向 JSP 容器提供请求(request)使用的编码字符集,其语法格式如下:

```
<fmt:requestEncoding [value="字符集名称"]/>
```

例如:

```
<fmt:requestEncoding value="GB2312"/>
```

(七)设置时区标签<fmt:timeZone>

<fmt:timeZone>标签用于设置时区,在标签嵌套的 JSP 代码中使用该时区解析时间,其语法格式如下:

```
<fmt:timeZone value="时区">
    嵌套 JSP 代码
</fmt:timeZone>
```

其中,value 属性指定时区,时区可以是字符串或 java. util. TimeZone 对象。如果 value 属性值为空或 null,则使用 GMT 时区。

例如,下面的代码将时区设置为美国洛杉矶时区:

```
<fmt:timeZone value="America/Los_Angeles">
    ...
</fmt:timeZone>
```

(八)设置时区标签<fmt:setTimeZone>

<fmt:setTimeZone>标签用于设置时区,其语法格式如下:

```
<fmt:setTimeZone value="时区" [var="变量名"] [scope=
"{page|request|session|application}"]/>
```

其中:

(1)value 属性指定时区,时区可以是字符串或 java. util. TimeZone 对象。如果 value 属性值为空或 null,则使用 GMT 时区。

(2)var 属性:指定保存设置的变量。如果未指定 var 属性,则将设置保存到 Web 应用上下文配置 javax. servlet. jsp. jstl. fmt. timeZone 变量中。

(3)scope 属性:指定 var 变量的作用范围,默认值为 page。

例如,下面的代码将时区设置保存到变量 tzone 中:

<fmt:timeZone value="America/Los_Angeles" var="tzone"/>

(九)格式化日期和时间标签<fmt:formatDate>

<fmt:formatDate>标签用于按本地或自定义格式格式化日期和时间,其语法格式如下:

<fmt:formatDate value="Date 对象"[type="{time|date|both}"]

[dateStyle="{default|short|medium|long|full}"]

[timeStyle="{default|short|medium|long|full}"] [pattern="自定义格式字符串"]

[timeZone="时区"] [var="变量名"] [scope="{page|request|session|application}"]/>

其中:

(1)value 属性:指定格式化的日期时间(java. util. Date)对象。

(2)type 属性:指定格式化日期还是时间部分,both 表示两者都被格式化,默认值为 date。

(3)dateStyle 属性:指定日期格式化样式。

(4)timeStyle 属性:指定时间格式化样式。

(5)pattern 属性:指定自定义格式字符串。

(6)timeZone 属性:指定时区,可以是字符串或 java. util. TimeZone 对象。

(7)var 属性:指定保存格式化结果的变量。

(8)scope 属性:指定 var 变量的作用范围,默认值为 page。

(十)从字符串中解析日期和时间标签<fmt:parseDate>

<fmt:parseDate>标签用于按本地或自定义格式从字符串中解析日期和时间,其语法格式如下:

格式 1(无标签体):

<fmt:parseDate value="被解析的日期时间字符串"[type="{time|date|both}"]

［dateStyle＝"{default | short | medium | long | full}"］［timeStyle＝"{default | short | medium | long | full}"］

　　　［pattern＝"自定义格式字符串"］［timeZone＝"时区"］［parse-Locale＝"地区"］

　　　［var＝"变量名"］［scope＝"{page | request | session | applica-tion}"］/＞

格式 2（在标签体中指定被解析的日期时间字符串）：

＜fmt:parseDate［type＝"{time | date | both}"］

　　　　［dateStyle＝"{default | short | medium | long | full}"］［time-Style＝"{default | short | medium | long | full}"］

　　　　［pattern＝"自定义格式字符串"］［timeZone＝"时区"］［parseLocale＝"地区"］

　　　　［var＝"变量名"］［scope＝"{page | request | session | appli-cation}"］＞

　　被解析的日期时间字符串

＜/fmt:parseDate＞

其中：

（1）value 属性：指定被解析的字符串。

（2）type 属性：指定格式化日期还是时间部分，both 表示两者都被格式化，默认值为 date。

（3）dateStyle 属性：指定日期格式化样式。

（4）timeStyle 属性：指定时间格式化样式。

（5）pattern 属性：指定自定义格式字符串。

（6）timeZone 属性：指定时区，可以是字符串或 java. util. TimeZone 对象。

（7）parseLocale 属性：指定地区，可以是字符串或 java. util. Locale 对象。

（8）var 属性：指定保存格式化结果的变量，变量的数据类型为 java. util. Date。

（9）scope 属性：指定 var 变量的作用范围，默认值为 page。

＜fmt:formatDate＞标签是将日期时间转换为指定格式的字符串，＜fmt:parseDate＞正好相反，是从符合一定格式的字符串中解析得到日期时间。如果指定了 var 属性，则解析结果保存在指定变量中，否则将

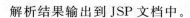

解析结果输出到 JSP 文档中。

（十一）格式化数值标签 ＜fmt:formatNumber＞

＜fmt:formatNumber＞标签用于按本地或自定义格式格式化数值，其语法格式如下：

格式 1（无标签体）：

＜fmt:formatNumber value＝"被格式化数值"［type＝"｛number｜currency｜percent｝"］

　　　　　　［pattern＝"自定义格式"］［currencyCode＝"货币代码"］

　　　　　　［currencySymbol＝"货币符号"］［groupingUsed＝"｛true｜false｝"］

　　　　　　［maxIntegerDigits＝"最大整数位数"］［minIntegerDigits＝"最小整数位数"］

　　　　　　［maxFractionDigits＝"最大小数位数"］［minFractionDigits＝"最小小数位数"］

　　　　　　［var＝"变量名"］［scope＝"｛page｜request｜session｜application｝"］/＞

格式 2（在标签体中指定被格式化数值）：

＜fmt:formatNumber［type＝"｛number｜currency｜percent｝"］

　　　　　　［pattern＝"自定义格式"］［currencyCode＝"货币代码"］

　　　　　　［currencySymbol＝"货币符号"］［groupingUsed＝"｛true｜false｝"］

　　　　　　［maxIntegerDigits＝"最大整数位数"］［minIntegerDigits＝"最小整数位数"］

　　　　　　［maxFractionDigits＝"最大小数位数"］［minFractionDigits＝"最小小数位数"］

　　　　　　［var＝"变量名"］［scope＝"｛page｜request｜session｜application｝"］/＞

　　　被格式化数值

　　＜/fmt:formatNumber＞

其中：

(1)value 属性：指定被格式化的数值。

(2)type 属性：指定格式类型。number 表示数值，currency 表示货币，percent 表示百分比。

(3)pattern 属性：指定自定义格式，格式语法符合 java.text.DecimalFormat 类定义。

(4)currencyCode 属性：指定货币代码。

(5)currencySymbol 属性：指定货币符号。

(6)groupingUsed 属性：指定格式结果中是否包含分组分隔符。

(7)maxIntegerDigits 属性：指定结果中最大整数位数。

(8)minIntegerDigits 属性：指定结果中最小整数位数。

(9)maxFractionDigits 属性：指定结果中最大小数位数。

(10)minFractionDigits 属性：指定结果中最小小数位数。

(11)var 属性：指定保存结果的变量。省略 var 属性时，格式结果输出到 JSP 文档。

(12)scope 属性：指定 var 变量的作用范围，默认值为 page。

(十二)从字符串中解析数值标签<fmt:parseNumber>

<fmt:parseNumber>标签用于从符合本地或指定格式的字符串中解析数值，其语法格式如下：

格式 1(无标签体)：

<fmt:parseNumber value="数值字符串" [type="{number|currency|percent}"]

　　　[pattern="自定义格式"][parseLocale="地区代码"][integerOnly="{true|false}"]

　　　[var="变量名"] [scope="{page|request|session|application}"]/>

格式 2(在标签体中指定被解析字符串)：

<fmt:parseNumber[type="{number|currency|percent}"]

　　　[pattern="自定义格式"][parseLocale="地区代码"][integerOnly="{true|false}"]

　　　[var="变量名"] [scope="{page|request|session|application}"]>

　　数值字符串

　</fmt:parseNumber>

其中：

（1）value 属性：指定被解析的数值字符串。

（2）type 属性：指定解析的格式类型。number 表示数值，currency 表示货币，percent 表示百分比。

（3）pattern 属性：指定自定义格式，格式语法符合 java.text.Number-Format 类定义。

（4）parseLocale 属性：指定按指定地区的语言和格式习惯解析数值，属性值可以是字符串或 java.util.Locale 对象。

（5）integerOnly 属性：指定是否只解析数值的整数部分。

（6）var 属性：指定保存解析结果的变量。

（7）scope 属性：指定 var 变量的作用范围，默认值为 page。

第四节　JSTL 数据库标签库

JSTL 数据库标签库（SQL）用于实现数据库的查询、添加、修改、删除和事务管理等功能。要使用 SQL 标签库，需在 JSP 页面中使用下面的 taglib 指令：

<%@ taglib uri="http://java.sun.com/jsp/jstl/sql" prefix="sql"%>

SQL 标签库提供<sql:setDataSource>、<sql:query>、<sql:param>、<sql:dateParam>、<sql:update>和<sql:transaction>六个标签。

一、数据源标签 <sql:setDataSource>

<sql:setDataSource>标签用于要访问的数据源，其语法格式如下：

<sql:setDataSource dataSource="数据源"|url="数据源url"

　　[driver="驱动程序类"][user="用户名"][password="口令"]

　　[var="变量名"][scope = "{page|request|session|application}"]/>

其中：

（1）dataSource 属性：用字符串或 javax. sql. DataSource 对象设置数据源。必须用 dataSource 属性或 url 属性指定数据源。

（2）url 属性：指定数据源的 URL。

（3）driver 属性：指定 JDBC 驱动程序类的名称。

（4）user 属性：指定访问数据源使用的用户名。

（5）password 属性：指定访问数据源使用的口令。

（6）var 属性：指定保存数据源设置的变量，使用该变量获得数据源设置。省略 var 属性时，设置保存到 Web 应用的 javax. servlet. jsp. jstl. sql. dataSource 上下文参数中。

（7）scope 属性：指定 var 变量的作用范围，默认值为 page。

dataSource 属性可以使用 DataSource 对象、JNDI 路径或 JDBC 参数字符串设置，最简单的方式是使用 JDBC 参数字符串。JDBC 参数字符串格式如下：

数据源 URL，JDBC 驱动程序类名，用户名，口令

例如，下面的代码使用 JDBC 参数字符串设置数据源：

<sql: setDataSource dataSource = " jdbc: mysql://localhost: 3306/AdminDB,com. mysql. jdbc. Driver,root,root" var="ds"/>

也可使用 url、driver、user 和 password 四个属性指定数据源，例如：

< sql: setDataSource url = " jdbc: mysql://localhost: 3306/AdminDB" driver = " com. mysql. jdbc. Driver" user = "root" password = "root" var = "ds"/>

二、执行查询标签<sql:query>

<sql:query>标签用于执行查询，从数据源检索数据，其语法格式如下：

格式 1（无标签体）：

<sql:query sql="SQL 查询命令" var="变量名"[scope=" {page|request|session|application}"]

　　　　[dataSource="数据源"][maxRows="最大行数"][start-

Row="开始行行号"]/>

格式 2(在标签体中指定查询参数):

<sql:query sql="SQL 查询命令" var="变量名" [scope="{page|request|session|application}"]

   [dataSource="数据源"][maxRows="最大行数"][start-Row="开始行行号"]>

  <sql:param> 标签

</sql:query>

格式 3(在标签体中指定 SQL 查询命令和查询参数):

<sql:query var="变量名" [scope="{page|request|session|application}"]

   [dataSource="数据源"][maxRows="最大行数"][start-Row="开始行行号"]>

  SQL 查询命令

  <sql:param>标签

</sql:query>

其中:

(1)sql 属性:指定要执行的 SQL 查询命令。

(2)dataSource 属性:指定访问的数据源。

(3)maxRows 属性:指定包含在查询结果中的记录行数。如果未设置或设置为-1,则不限制查询结果中的记录行数。

(4)startRow 属性:指定查询结果中当前行的序号。如果未设置,则从 0(第 1 条记录)开始。

(5)var 属性:指定保存查询结果的变量,其类型为 javax.servlet.jsp.jstl.sql.Result。

(6)scope 属性:指定 var 变量的作用范围,默认值为 page。

例如:

<sql:setDataSource url="jdbc:mysql://localhost:3306/AdminDB" driver="com.mysql.jdbc.Driver" user="root" password="root" var="ds"/>

<sql:query sql="select * from adminlist" var="rs" dataSource="$(ds)"/>

或者：

＜sql: setDataSource url＝" jdbc: mysql://localhost: 3306/AdminDB"
driver＝"com. mysql. jdbc. Driver" user＝"root" password＝"root" var＝
"ds"/＞

＜sql:query var＝"rs" dataSource＝" $ {ds}"/＞

　　select ＊ from adminlist

＜/sql:query ＞

在 EL 表达式中，可使用下面的属性访问查询结果：

(1)columnNames：返回查询结果集中列名称的字符串数组。例如，
下面的代码输出查询结果中的列名作为表头：

＜table border＝"1"＞

　　＜thead＞

　　　　＜tr＞

　　　　　　＜c:forEach var＝"ch" items＝" $ {rs. columnNames}"＞

　　　　　　　　＜th＞ $ {ch}＜/th＞

　　　　　　＜/c:forEach＞

　　　　＜/tr＞

　　＜/thead＞

　　　　…

＜/table＞

(2)rowCount：返回查询结果集中行的数目。例如：

查询结果包含 $ {rs. rowCount}条记录

(3)rows：返回包含查询结果的 SortedMap 数组。每个 SortedMap
对象对应一条记录，并以列名称作为键，列数据作为键的值。例如，下面
的代码以表格的形式输出查询结果：

＜table＞

　　＜c:forEach var＝"row" items＝" $ {rs. rows}"＞

　　　　＜tr＞

　　　　　　＜td＞ $ {row. username}＜/td＞

　　　　　　＜td＞ $ {row. password}＜/td＞

　　　　　　＜td＞ $ (row. edittime}＜/td＞

　　　　＜/tr＞

　　＜/c:forEach＞

</table>

（4）rowsByIndex：返回包含查询结果的二维数组，数组第一维对应行，第二维对应列。例如，下面的代码以表格的形式输出查询结果：

```
<table>
    <c:forEach var="row" items="${rs.rowsByIndex}">
        <tr>
            <td>${row[0]}</td>
            <td>${row[l]}</td>
            <td>${row[3]}</td>
        </tr>
    </c:forEach>
</table>
```

（5）limitedByMaxRows：返回查询是否受最大行数设置的限制。

三、指定查询参数值标签<sql:param>

<sql:param>标签用于指定查询参数的值，其语法格式如下。

格式 1（使用 value 属性设置查询参数值）：

```
<sql:param value="查询参数值"/>
```

格式 2（在标签体中设置查询参数值）：

```
<sql:param>
    查询参数值
</sql:param>
```

查询参数在 SQL 查询命令中用"？"表示。例如，下面的代码查询用户 admin 的登录口令：

```
<sql:query var="rs" dataSource="${ds}">
    select password from adminlist where username=?
    <sql:param value="Admin"/>
</sql:query>
```

如果有多个查询参数，则使用多个<sql:param>标签依次设置各个查询参数值。

四、设置日期和时间值标签＜sql:dateParam＞

＜sql:dateParam＞标签与＜sql:param＞标签用法类似,只是＜sql:dateParam＞标签用于设置日期和时间值,其语法格式如下:

＜sql:dateParam value="查询参数值"[type="{timestamp|time|date}"]/＞

其中:value 属性指定查询参数值,其类型为 java. util. Date。type 属性指定将查询参数值转换为 timestamp (java. sql. Timestamp)、time (java. sql. Time)或 date (java. sql. Date)类型,默认值为 timestamp。

例如:

＜fmt:parseDate value="2009 年 12 月 27 日" type="date" date-Style="long" var="theDate"/＞

＜sql:query var="rs" dataSource=" $ {ds}"＞
　　select ＊ from adminlist where edittime?
　　＜sql:dateParam value=" $ {theDate}"/＞
＜/sql:query＞

五、执行 SQL 更新命令标签＜sql:update＞

＜sql:update＞标签用于执行 INSERT、UPDATE 和 DELETE 等SQL 更新命令,其语法格式如下:

格式 1(无标签体):

＜sql:update sql="SQL 更新命令"[dataSource="数据源"][var="变量名"][scope="{page|request|session|application }"]/＞

格式 2(在标签体中指定参数):

＜sql:update sql="SQL 更新命令"[dataSource="数据源"][var="变量名"][scope="{page|request|session|application}"]＞
　　＜sql:param＞标签
＜/sql:update＞

格式 3(在标签体中指定 SQL 更新命令和参数):

＜sql:update[dataSource="数据源"][var="变量名"] [scope="

{page│request│session│application}"]/>

　　　　SQL 更新命令

　　　　可选＜sql:param＞标签

　　</sql:update>

其中：

（1）sql 属性：指定 INSERT、UPDATE 和 DELETE 等 SQL 更新命令。

（2）dataSource 属性：指定数据源。

（3）var 属性：指定保存 SQL 更新命令返回结果的变量，返回结果表示 SQL 更新命令所影响的行数。

（4）scope 属性：指定 var 变量的作用范围，默认值为 page。

例如，下面的代码为 adminlist 表添加一条记录：

＜sql:update dataSource＝"＄{ds}"＞

　　insert adminlist（username,password）values（?,?）

　　＜sql:param＞Terry</sql:param＞

　　＜sql:param＞111111</sql:param＞

</sql:update>

因为 adminlist 表的 edittime 字段指定了默认值，所以这里不需要提供字段值。例如，下面的代码将用户 Terry 的口令修改为 123456：

＜sql:update dataSource＝"＄{ds}"＞

　　update adminlist set password＝"123456" where username＝"Terry"

</sql:update>

例如，下面的代码删除用户 Terry 的记录：

＜sql:update dataSource＝"＄{ds}"＞

　　delete from adminlist where username＝"Terry"

</sql:update>

六、将子标签作为事务执行的标签＜sql:transaction＞

＜sql:transaction＞标签用于将标签体内的＜sql:query＞和＜sql:update＞子标签作为事务执行，其语法格式如下：

＜sql:transaction［dataSource＝"数据源"］［isolation＝ 隔离级别］＞

<sql:query>和<sql:update>子标签

</sql:transaction>

其中,isolationLevel 属性指定事务的隔离级别,取值为 serializable、read_committed、read_uncommitted 或 repeatable_read。隔离级别与事务禁止操作的关系如表 5－1 所示。

表 5－1　隔离级别与事务禁止操作的关系

隔离级别	禁止脏读	禁止不可重复读	禁止虚读
read_committed	否	否	否
read_uncommitted	是	否	否
repeatable_read	是	是	否
serializable	是	是	是

脏读(dirty read)指被某一事务修改的行在提交之前被另一个事务读取。若事务回滚,则第二个事务读取的是无效的行。不可重复读(non－repeatable read)指一个事务读取了一行数据后,另一个事务修改了该行,当第一个事务再次读取该行时,得到不同的数据。虚读(phantom read)指一个事务读取了满足条件的行后,另一个事务插入了满足条件的行,当第一个事务再次读取满足条件的行时,得到不同的数据。

在<sql:transaction>标签体内,<sql:query>和<sql:update>子标签不能指定 dataSource 属性,即使用<sql:transaction>标签指定的数据源。

<sql:transaction>标签体内的所有<sql:query>和<sql:update>子标签作为一个执行单位,当后继操作中出现错误时,前面已完成的操作被回滚(rollback),即将数据库恢复到事务执行前的状态。

例如,下面的代码在事务中完成记录的添加和修改:

<sql:transaction dataSource＝" $ {ds}">

    <sql:update>

        insert adminlist (username, password) values ("guest", "12345")

    </sql:update>

```
<sql:update>
    update adminlist set password＝? username＝? where
username＝"guest"
        <sql:param>123</sql:param>
        <sql:param>Jake</sql:param>
    </sql:update>
</sql:transaction>
```

第五节　JSTL 函数标签库

JSTL 包含一系列标准函数，大部分是通用的字符串处理函数，如表 5－2 所示。引用 JSTL 函数标签库的语法如下：

<%＠ taglib prefix＝"fn" uri＝"http://java. sun. com/jsp/jstl/functions"%>

表 5－2　函数标签库

函数	描述
fn:contains ()	测试输入的字符串是否包含指定的子字符串
fn:contains IgnoreCase ()	测试输入的字符串是否包含指定的子字符串，大小写不敏感
fn:endsWith ()	测试输入的字符串是否以指定的后缀结尾
fn:escapeXml ()	跳过可以作为 XML 标记的字符
fn:indexOf ()	返回指定字符串在输入字符串中出现的位置
fn:join ()	将数组中的元素合成一个字符串，然后输出
fn:length ()	返回字符串长度
fn:replace ()	将输入字符串中指定的位置替换为指定的字符串，然后返回

续表

函数	描述
fn:split ()	将字符串用指定的分隔符分隔,然后组成一个子字符串数组并返回
fn:startsWith ()	测试输入的字符串是否以指定的前缀开始
fn:substring ()	返回字符串的子集
fn:substringAfter ()	返回字符串在指定子字符串之后的子集
fn:substringBefore ()	返回字符串在指定子字符串之前的子集
fn:toLowerCase ()	将字符串中的字符转为小写
fn:toUpperCase ()	将字符串中的字符转为大写
fn:trim ()	移除首位的空白符

第六章 整合数据库

数据库技术是动态 Web 编程的核心，Java Web 开发的动态网站是基于数据库实现数据更新显示的。对于 Java Web 开发来说，JDBC 是数据库应用的核心内容，没有这个工具，Java 将没有办法连接数据库。本章主要阐述了 JDBC 的基本知识、数据库的安装与配置、数据库连接技术、数据库高级操作以及数据库连接池技术。

第一节 JDBC 概述

JDBC 是一个相对"低级"的接口，也就是说，它能够直接调用 SQL 命令。在这方面它的功能极佳，数据库连接 API 易于使用，但它同时也被设计为一种基础接口，在它之上可以建立高级接口和工具。高级接口是"对用户友好"的接口，它使用的是一种更易理解和更为方便的 API。

一、JDBC 简介

JDBC 全称为 Java database connectivity，是 Sun 公司制定的 Java 数据库连接的简称。它是 Sun 公司和数据库开发商共同开发的独立于数据库管理系统的应用程序接口。它提供一套标准的 API，为 Java 开发者使用数据库提供了统一的编程接口。

Java 程序通过 JDBC 接口访问数据库的示意图如图 6-1 所示。

（1）数据库驱动程序：实现了应用程序和某个数据库产品之间的接口，用于向数据库提交 SQL 请求。

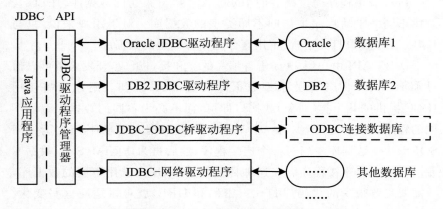

图 6-1 JDBC 接口数据库访问

（2）驱动程序管理器（driver manager）：为应用程序装载数据库驱动程序。

（3）JDBC API：提供了一系列抽象的接口，主要用来连接数据库和直接调用 SQL 命令，执行各种 SQL 语句。

JDBC 重要的类和接口如表 6-1 所示。

表 6-1 JDBC 重要的类和接口

类或接口	作用
java. sql. DriverManager	该类处理驱动程序的加载和建立新数据库连接
java. sql. Connection	该接口实现对特定数据库的连接
java. sql. Satement	该接口表示用于执行静态 SQL 语句,并返回它所生成结果的对象
java. sql. PreparedStatement	该接口表示预编译的 SQL 语句的对象,派生自 Statement,支持大多数的 SQL 语句并预编译
java. sql. CallableStatement	该接口用于执行 SQL 语句存储过程的对象,派生自 PreparedStatement
java. sql. ResultSet	该接口表示数据库结果集的数据表,用户通过结果集完成对数据库的访问

Java 应用程序通过统一的 JDBC API 接口来访问数据库,JDBC 会调用不同的驱动程序来访问不同类型的数据库。对于用户来说,只与 JDBC API 接口打交道,而不用区分是何种类型的数据库。

JDBC API 由一组 Java 语言编写的类和接口组成,开发人员可以通过 JDBC API 向各种关系型数据库发送 SQL 语句。用户只需使用 JDBC 提供的几个类(对象)或接口即可,而不必为不同的数据库编写不同的程序。换言之,当编写一个基于 Java 的数据库程序时,不必为访问 SQLServer 数据库专门写一个连接程序,然后再为访问 MySQL 数据库专门写另一个连接程序。在这种情况下,如果用户选用不同的数据库,只需要更改很少的代码(用户名、密码和 URL)就可以适应这些变化。由于 Java 语言的跨平台性,Java 程序员不必为不同的平台编写不同的程序。将 Java 和 JDBC 结合起来,程序员只需写一遍程序就可让它在任何平台上运行,真正实现了"Write once,run everywhere"。

二、JDBC 驱动程序的类型

JDBC 只是一个编程接口集,它所定义的接口主要包含在 java. sql (JDBC 核心包)和 javax. sql(JDBC 可选包)中。这两个包中定义的大部分只是接口,并没有实现具体的连接与操作数据库的功能。具体的功能实现是由特定的 JDBC 驱动程序提供的,目前比较常见的 JDBC 驱动程序可分为以下四类。

(一)JDBC - ODBC 桥驱动程序

JDBC - ODBC 桥产品利用 ODBC 驱动程序提供 JDBC 访问。 JDBC - ODBC 桥完成 JDBC 接口到 ODBC 接口的映射,起到一座桥梁的作用。真正访问数据库的是 ODBC 驱动程序,因此在配置 ODBC 数据源时必须指定 ODBC 的数据库驱动程序。在 Windows 环境下尚存在大量的旧应用,它们大多使用 ODBC 数据源连接方式,JDBC - ODBC 桥为访问这些数据源提供了一个方法。JDBC - ODBC 桥驱动程序已经包含在 JDK 中,不需要另外下载。但值得注意的是,JDBC - ODBC 依赖于本地的 ODBC 驱动程序,这会制约 JDBC 的灵活性。

（二）本地 API 部分 Java 驱动程序

这类 JDBC 驱动程序有一部分是用 Java 语言编写的，另外一部分是用本地代码（一般是 C 语言）编写的，因此叫作"本地 API 部分 Java 驱动程序"。其工作原理是：将 JDBC 命令映射为某种 DBMS 的客户端 API 调用。由于特定数据库的客户端 API 一般使用本地代码编写，因此其灵活性也受到了制约。但客户端 API 由特定的数据库厂商提供，因此这些客户端 API 程序比 ODBC 驱动具有更好的性能。

（三）JDBC 网络纯 Java 驱动程序

这类驱动程序是用 Java 编写的，具有跨平台的特性。这类驱动程序依赖网络服务器中间件，将 JDBC 转换为与 DBMS 无关的网络协议命令，之后这种命令又被某个服务器转换为 DBMS 协议命令。网络服务器中间件能够将它的纯 Java 客户机连接到多种不同的数据库上。

（四）本地协议纯 Java 驱动程序

这种类型的驱动程序也是用纯 Java 语言编写的，也具有跨平台特性。这种类型的驱动程序将 JDBC 调用转换为 DBMS 所使用的网络协议命令，这将允许从客户机上直接调用 DBMS 服务器，而不用任何中间件处理，具有较好的数据库访问性能及灵活性和通用性。

这种本地协议纯 Java 驱动程序一般由数据库厂商提供，需要在其网站下载或到数据库的安装盘中查找。在一般情况下，建议优先使用这类驱动程序访问数据库。

本地协议纯 Java 驱动程序的安装方法为：

（1）下载驱动程序，一般需要到数据库厂商的网站上下载。比如到 MySQL 官网下载"JDBC for MySQL"驱动程序。

（2）把驱动程序复制到工程的 Web-INF/lib 文件夹下面，这个驱动程序在本工程中有效；或把驱动程序复制到 Tomcat 安装目录下的 common/lib 文件夹中，重启 Tomcat 后，这个驱动程序在 Tomcat 中的所有 Web 应用中均有效。

驱动程序在 JDBC 编程中占据了非常重要的地位。Java Web 应用程序不知道具体连接的是哪一种数据库，而且各种数据库产品的提供厂商也不一样,连接的方式也不一样,那么 Java 代码如何来判定连接的是哪一种数据库呢? 答案是针对不同类型的数据库,JDBC 机制中提供了"驱动程序"的概念。对于不同的数据库,程序只需要使用不同的驱动。应用程序、驱动程序和数据库三者之间的关系如图 6-2 所示。

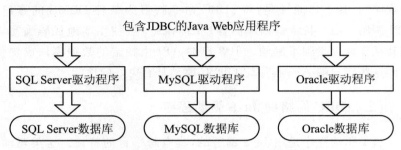

图 6-2 应用程序、驱动程序和数据库之间的关系

从图 6-2 可以看出,对于 Oracle 数据库来说,只要安装 Oracle 驱动程序即可,JDBC 可以不需要关心具体的连接过程来操作 Oracle。 如果是 SQL Server 数据库,只需要安装 SQL Server 驱动程序即可,JDBC 可以不需要关心具体的连接过程来对 SQL Server 进行操作。

在 Java Web 应用程序中,应该选择哪一种驱动程序类型来开发应用程序呢? 最简单的方式是使用 ODBC 数据源,独立加载数据库厂商的驱动程序。

第二节 数据库的安装与配置

MySQL 是一种开放源代码的关系型数据库管理系统,目前属于 Oracle 旗下产品。它使用 SQL 语言进行数据库管理。MySQL 采用了双授权政策,它分为社区版和商业版。由于其体积小、速度快、总体成本低,尤其是开放源代码这一特点,开发一般中小型网站都选择 MySQL 作为网络数据库。

一、创建数据库表

由于 JDBC 数据库访问是基于 MySQL 数据库的,因此所有的代码及环境都是基于 MySQL 数据库的。在进行数据库访问操作之前,需要先创建数据库和表,并录入测试数据。在 root 用户下创建 student 数据库,并在该库下创建 t_user 表,再添加测试数据,其 SQL 代码如下:

CREATE DATABASE "student";

CREATE TABLE "t_user" (

"Id" int(11) NOT NULL AUTO_INCREMENT,

"sid" varchar(20) DEFAULT NULL,

"name" varchar(20) DEFAULT NULL,

"password" varchar(20) DEFAULT NULL,

"sex" varchar(20) DEFAULT NULL,

"major" varchar(20) DEFAULT NULL,

"hobby" varchar(20) DEFAULT NULL,

PRIMARY KEY(Id)

);

♯添加测试数据

INSERT INTO "t _user" VALUES ("19","159110909","李晓明","111","男","计算机软件","篮球足球"),("20","159110901","林小丽","123","女","临床医学","游泳看书");

创建完库 student、表 t_user 和添加完数据以后,在 MySQL – Front 图形化界面工具中打开。

二、设置 MySQL 驱动类

Java 项目在访问 MySQL 数据库时,需要在项目中设置 MySQL 驱动类路径,即将 MySQL 数据库所提供的 JDBC 驱动程序(mysql-connector-java-8.0.20.jar)导入到工程中。

mysql-connector-java-8.0.20.jar 驱动文件可在网络上直接下载,也可以下载其他的版本。

配置 MySQL 数据库驱动程序有两种方法：一种方法是将驱动程序配置到 CLASSPATH 中，与配置 JDK 的环境变量类似，这种方法的配置将对本机中所有创建的项目起作用，但程序员一般不用这种方法；第二种方法是在基础开发工具 Eclipse 中选中项目，单击右键，在弹出的快捷菜单中选择 Properties→Java Build Path→Libraries→Add External JARs…命令，在弹出的对话框中，选择 mysql-connector-java-8.0.20.jar 文件。

设置完 MySQL 数据库驱动类路径之后，Referenced Libraries 文件夹中的 mysql-connector-java-8.0.20.jar 表示对该 JAR 包的引用。

第三节　连接数据库

每个数据库厂商都有一套访问自己数据库的 API，这些 API 可能以各种语言形式提供。应用程序只需要调用 JDBC API，并由 JDBC 的实现层（JDBC 驱动程序）去处理与数据库的通信，从而让应用程序不再受限于具体的数据库产品。

下面介绍 JDBC 常见的两种连接方式。

一、纯驱动连接

纯 Java 驱动方式用 JDBC 驱动直接访问数据库，驱动程序完全由 Java 语言编写，运行速度快，而且具备了跨平台的特点。但是，由于这类 JDBC 驱动是特定的，即这类 JDBC 驱动只对应一种数据库，因此访问不同的数据库需要下载专用的 JDBC 驱动。如图 6 - 3 所示，描述了纯 Java 驱动方式的工作原理。

使用纯 Java 驱动方式进行数据库连接，首先需要下载数据库厂商提供的驱动程序 JAR 包，并将 JAR 包放到项目的 lib 目录下。

下面以连接 SQL Server 数据库为例进行介绍，第一步是从官方网站下载驱动程序 JAR 包，然后使用如下代码利用 JAR 包提供的驱动以纯 Java 方式连接数据库。

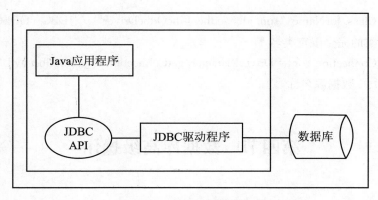

图 6 - 3 纯 Java 驱动方式

Class. forName("com. microsoft. sqlserver. jdbc. SQLServerDriver");

DriverManager. getConnection ("jdbc: sqlserver://localhost: 1433; databaseName="test","sa","123456");

在上述代码中,test 为数据库的名称,sa 为数据库用户名,123456 为数据库密码。

二、JDBC - ODBC 桥连接

JDBC - ODBC 桥连接就是将对 JDBC API 的调用转换为对另一组数据库连接(即 ODBC)API 的调用。如图 6 - 4 所示,描述了 JDBC - ODBC 桥连接的工作原理。

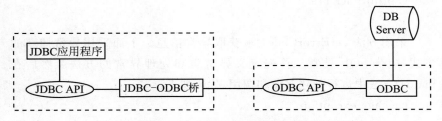

图 6 - 4 JDBC - ODBC 桥连接

使用 JDBC - ODBC 进行桥连接步骤如下。

(1)配置数据源:控制面板→管理工具→ODBC 数据源→系统 DSN。

(2)编程,通过桥连接方式与数据库建立连接。

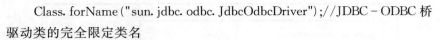

Class. forName("sun. jdbc. odbc. JdbcOdbcDriver");//JDBC - ODBC 桥驱动类的完全限定类名

Connection con = DriverManager. getConnection("jdbc:odbc:tw","tt", "t2");//数据源名称

第四节　数据库高级操作

一、JDBC SQL 异常处理

JDBC SQL 异常分为两种:一种是 SQL 异常(SQL exception),另一种是 SQL 警告(SQL warning)。JDBC SQL 异常处理通常分为异常的捕获和异常的抛出,下面分别进行介绍。

(一)异常的捕获

通常使用 try{}、catch{}进行捕获,如下:
```
try{
…
}catch(Exception e){
System. out. print(e. getMessage());
e. printStackTrace();
}
```
采用方法 getErrorCode()来获取异常信息。下面采用异常捕获的方式,捕获 SQL 异常。首先定义异常类和处理异常的方法。然后在 main()方法中进行创建对象和调用,代码如下:
```
package exception;
import java. sql. Connection;
import java. sql. DriverManager;
import java. sql. ResultSet;
import java. sql. SQLException;
import java. sql. Statement;
```

```
import util. DBUtil;
public class SQLExceptionTest {
    private Connection conn;
    public SQLExceptionTest (){
    conn＝DBUtil. getConnection ();
    }
    public void lostConnection (){
        try {
            Class. forName ("com. mysql. cj. jdbc. Driver");
            conn＝DriverManager. getConnection ("jdbc:mysql://local-
host:3306/"test","root","root");
        } catch (ClassNotFoundException e) {
            e. printStackTrace ();
        } catch (SQLException e ){
            e. printStackTrace ();
            System. out. println (e. getErrorCode ());
            System. out. println (e. getMessage ());
        }
    }
}
public void sendErrorCommand (){
    Statement statement＝null;
    try {
        statement＝conn. createStatement ();
        ResultSet rs＝statement. executeQuery ("select max ( personid )
from person" );
        rs. next ();
        Integer id＝rs. getInt ( 1 );
        System. out println ("id＝" + id );
        rs. close ();
    } catch (SQLException e ){
        System. out. println (e. getErrorCode ());
        System. out. println (e. getMessage ());
```

```
                e. printStackTrace();
        } finally {
            if(statement! = null)
                try {
                    statement. close();
                } catch(SQLException e){
                    e. printStackTrace();
                }
        }
    }
    public static void main(String[] args){
        SQLExceptionTest st=new SQLExceptionTest();
        //st. lostConnection();
        st. sendErrorCommand();
    }
```

下面采用连接 Oracle 数据库的方式,进行 SQL 警告的测试。

```
import java. sql. Connection;
import java. sql. DriverManager;
import java. sql. ResultSet;
import java. sql. SQLException;
import java. sql. SQLWarning;
import java. sql. Statement;
public class SQLWarningTest {
    public static void main(String[] args) {
        try {
            Class. forName("oracle. jdbc. driver. OracleDriver").
newInstance();
            String jdbcUrl="jdbc:oracle:thin:@ localhost:1521:ORCL";
            Connection conn=DriverManager. getConnection(jdbc-
Url,"yourName","mypwd");
            Statement stmt=conn. createStatement(ResultSet. TYPE_
SCROLL_SENSITIVE,ResultSet. CONCUR_UPDATABLE);
            SQLWarning sw=null;
```

```
        ResultSet rs = stmt. executeQuery ("Select  *  from
employees");
        sw = stmt. getWarnings ();
        System. out. println (sw. getMessage ());
        while (rs. next ()) {
            System. out. println ("Employee name:" + rs.getString
(2));
        }
        rs. previous ();
        rs. updateString ("name","Jon");
    } catch (SQLException e) {
        System. out. println ("SQLException occurred:" + e.
getMessage ());
    } catch (Exception e) {
    e. printStackTrace ();
    }
  }
}
```

(二)异常的抛出

SQL 异常属于受检查异常,如果不进行捕获,必须向上声明抛出
(使用 throws 关键字),否则无法通过编译,通常使用 throws 关键字抛
出 SQLException、ClassNotFoundException 等,由调用的程序进行异常
处理或捕获。如下方法所示:

```
public boolean insertStatis topoly. bvl (int bu. int category) throws
ClassNotFoundException;
```

二、事务处理

事务处理指的是处理一组互相依赖的操作行为,数据库事务是指由
一个或多个 SQL 语句组成的工作单元。事务(transaction)是并发控制
的单位,一个事务是一个连续的一组数据库操作,就好像它是一个单一

的工作单元。如果事务的任何一个操作失败，则整个事务将失败。事务是用户定义的一个操作序列，操作序列要么全部都做，要么全部都不做，是一个不可分割的工作单位。通过事务，数据库 SQL 操作能将逻辑相关的一组操作绑定在一起，以便服务器保持数据的完整性。

(一)事务的特性

数据库事务具有 ACID 特性，由关系数据库管理系统(RDBMS)实现，保证数据的正确性，事务通常通过以下 4 个标准属性(缩写为 ACID)来进行数据的保证。

(1)原子性(atomic)：确保工作单元内的所有操作都成功完成，否则事务将被中止在故障点，以前的操作失效，事务将回滚到以前的状态。

(2)一致性(consistence)：确保数据库正确地改变状态后，成功提交事务，事务处理过程是一致的、保持不变的，数据库事务不能破坏关系数据的完整性以及业务逻辑上的一致性。

(3)隔离性(isolation)：在并发环境中，当不同的事务同时操纵相同的数据时，每个事务都有各自的完整数据空间，使事务操作彼此独立和透明，事务操作数据的中间状态对其他事务是不可见的。

(4)持久性(duration)：只要事务成功结束，它对数据库所做的更新就必须永久保存下来。即使系统崩溃，重新启动数据库系统后，数据库还能恢复到事务成功结束时的状态。确保系统出现故障的情况下，提交事务的结果或效果仍然存在，完成事务的结果是持久的。

事务终止的两种方式：

①提交，一个事务使其结果永久不变。

②回滚，撤销所有更改回到原来状态。

(二)处理事务的方法

Connection 接口提供了事务处理的方法。主要涉及四个方法：

• boolean getAutoCommit()

获取自动提交的状态。

• void setAutoCommit(boolean autoCommit) throws SQLException

该方法用于设定 Connection 对象的自动提交模式。如果处于自动提交(true)模式，则每条 SQL 语句将作为一个事务运行并提交，否则所有 SQL 语句将作为一个事务，直到调用 commit()方法提交事务或调用 rollback()方法撤销事务为止。

• void commit() throws SQLException

该方法用于提交对数据库新增、删除或者修改记录的所有操作。

• void rollback() throws SQLException

该方法用于取消一个事务中对数据库新增、删除或者修改记录的操作，并进行回滚操作。

（三）事务处理的流程

事务处理的流程如下：

```
defaultCommit＝conn. getAutoCommit();   //获取自动提交状态
conn. setAutoCommit(false);        //禁止自动提交
try {
    stmt. executeUpdate(strSQL1);     //事件 1
    stmt. executeUpdate(strSQL2);     //事件 2
    conn. commit();       //事务真正提交、执行
}
catch(Exception e) {
    conn. rollback();    //如果有异常,则执行失败,进行回滚操作
}
conn. setAutoCommit(defaultCommit);     //复原初始提交状态
```

（1）首先通过 getAutoCommit()得到原来事务提交的状态，并保存，以便恢复。

（2）设定自动提交为 false 状态，即禁止自动提交。

（3）在 try{}块中尝试执行多个 SQL 语句，最后才通过 commit()方法提交，此时才真正执行。

（4）如果在执行多个 SQL 语句过程中出现异常（失败），将在异常处理 catch(Exception e){}块中执行回滚 rollback()操作，从而保证事务的完整性。

（5）最后恢复原来的提交状态。

下面通过一个例子说明事务处理的过程。

＜%@ page contentType＝"text/html;charset＝GBK"%＞

```
<%@ page import="java. sql. * "%>
<%
Connection conn=null;
Statement stmt=null;
boolean defaultCommit=false;
String strSQL1="INSERT INTO grade (学号) VALUES (0009)";
String strSQL2="UPDATE grade SET 姓名='张三' WHERE 学
号=0009";
    try{
        Class. forName("oracle. jdbc. driver. OracleDriver");
    }
    catch(ClassNotFoundException ce){
        System. out. println(ce. getMessage());
    }
    try{
        conn=DriverManager. getConnection("jdbc:odbc:grade");
        defaultCommit=conn. getAutoCommit();
        conn. setAutoCommit(false);
        stmt=conn. createStatement();
        stmt. executeUpdate(strSQL1);
        stmt. executeUpdate(strSQL2);
        conn. commit();
    }catch(Exception e){
        conn. rollback();
    }
    try{
        conn. setAutoCommit(defaultCommit);
        if(stmt ! =null) stmt. close();
        if(conn ! =null) conn. close();
    }catch(Exception e){
        System. out. print("不能正常关闭连接"+e);
    }
%>
```

程序说明：

程序采用 JDBC－ODBC 桥访问数据源的方式来访问 Access 数据库（数据源要事先设定）。当程序中要执行多条 SQL 语句,特别是这些 SQL 语句有关联时,一般要使用事务处理。比如在本例中,如果插入数据失败,那么后面就不可能对这条数据进行修改,因此这两句是一个事务。

第五节　数据库连接池技术

在 JSP 环境中,一般通过数据源来使用连接池。一个数据源对象会被注册为 Web 服务器的一个 JNDI 资源,应用程序通过 JNDI 获得数据源对象,通过数据源对象取得数据库连接,连接池为数据源提供物理连接。数据源使应用程序和数据库的连接保持为松耦合状态,它对应用程序屏蔽了数据库的具体实现和来源。如果运行环境或数据库连接来源发生了变化,则只需要重新配置同名数据源,应用程序不需要进行修改,仍然是通过同名的 JNDI 数据源取得数据库的连接。

应用程序通过数据源取得数据库连接的基本过程是:利用上下文对象,根据 JNDI 名取得一个数据源对象,再通过数据源对象取得数据库连接。

命名服务(naming service)是命名系统提供的服务功能,通过名字访问命名系统中的对象,对象名与对应的对象构成的集合叫作上下文对象(context)。例如,在文件命名系统中,一个目录是一个 Context,其内容是文件名和对应文件的集合。JNDI 的全称是 Java 命名和目录接口(Java naming and directory interface)。它是由 Sun 提出的,这里应用程序使用统一的 API 访问不同名字的目录服务。在 Tomcat 中,数据源被注册为一个 JNDI 资源,应用程序从 JNDI 系统中查找并获得数据源对象。

JNDI 客户机通过 java. naming 包中的类和接口与 JNDI 系统进行交互。常用的类和接口有:

(1) javax. naming. Context 接口。这个接口提供了 lookup (String name)方法,其在 JNDI 上下文中查找一个命名对象。若找到,则返回一个 Object 类型的对象;若找不到,则返回 null。

（2）javax. naming. InitialContext 类。这个类实现了 Context 接口，客户使用这个类与 JNDI 服务进行交互。客户可以使用代码 Context ctx= new InitialContext ()创建一个 InitialContext 对象，并赋给一个 Context 的变量。然后再通过 lookup ()方法可以得到 JNDI 名字目录服务中某个对象的引用。

（3）javax. sql. DataSource 接口。数据源是一个和物理连接相关联的工厂类。为了使用 DataSource 对象，必须为之指定一个连接池，由连接池为 JNDI 数据源提供物理连接。

DataSource 对象是由 Web 容器（Tomcat）提供的，因此需要采用 Java 的 JNDI 来获得 DataSource 对象。JNDI 是一种将对象和名字绑定的技术，容器生产出的对象会和唯一的名字绑定。外部程序可以通过名字来获取该对象。

javax. naming. Context 提供了查找 JNDI Resource 的接口。例如，可以通过以下代码获取名为 jdbc/db_book 数据源的引用。

Context initContext=new InitialContext ();

Context envContext = (Context) initContext. lookup ("java:/comp/env");

DataSource ds=(DataSource) envContext. lookup ("jdbc/db_book");

得到 DataSource 对象以后，可以通过 DataSource 的 getConnection ()方法获取数据库连接对象 Connection，代码如下。

Connection conn= ds. getConnection ();

当程序结束数据库访问之后，应该调用 Connection 的 close ()方法及时将连接返回给连接池，使 Connection 处于空闲状态。

练习：使用连接池的第一步是在 Tomcat 中配置数据源。方法是在 WebRootMETA-INF 下创建一个名为 context. xml 的配置文件，文件内容如下。

```
<? xml version="1. 0" encoding="UTF-8"? >
<Context path="/dbtom" docBase="dbtom" reloadable="true" crossContext="true">
    <Resource        //定义数据源
        name="jdbc/dbtom"        //数据源名称
        auth="Container"        //由容器创建和管理数据源
        type="javax. sql. DataSource"        //数据源类型
```

```
            maxActive＝"100"        //最大活跃连接数量
            maxIdle＝"30"        //最大空闲连接数量
            maxWait＝"10000"        //最长等待连接时间
            username＝"root"        //用户名
            password＝"root"        //密码
            driverClassName＝"com. mysql. jdbc. Driver"        //
MySQL 数据库连接驱动
            url＝"jdbc:mysql://localhost:3306/test1"/>        //连接
数据库的 URL 地址
    </Context>
```

上述文件中的 driverClassName 表示连接数据库的驱动程序,该段
代码中使用的是 MySQL 数据库的驱动程序,如果使用的是 Oracle 或
者 SQL Server,只需将该属性改为对应的 JDBC 驱动程序即可。

Resource 标记中属性的描述如表 6-2 所示。

表 6-2　Resource 标记属性描述

属性名称	描述
name	指定 Resource 的 JNDI 名字
auth	指定管理 Resource 的 Manager,它有两个可选值:Container 和 Application。前者表示由容器创建 Resource,后者表示由 Web 应用来创建和管理 Resource
type	指定 Resource 所属的 Java 类名
maxActive	指定数据库连接池中处于活动状态的数据库连接的最大数目
maxIdle	指定数据库连接池中处于空闲状态的数据库连接的最大数目
maxWait	指定数据库连接池中的数据库连接处于空闲状态的最长时间(以 ms 为单位),超过这一时间将会抛出异常
username	指定连接数据库的用户名
password	指定连接数据库的密码
driverClassName	指定连接数据库的 JDBC 驱动程序
url	指定连接数据库的 URL

提示：如果将 context. xml 做了修改，需要重新部署 Tomcat 服务器进行修改才会起作用。

配置好了 context. xml 之后，第二步是将 MySQL 的 JDBC 驱动程序复制到 WEB-INF/lib 目录下。在 WEB-INF 目录下创建 JSP 页面，该页面用来获取数据库连接，页面主要代码如下。

```
<%
    try{
        Context initContext = new InitialContext ();        //初始化 Context

        Context envContext =(Context ) initContext. lookup ("java:/comp/env");        //获得数据源

        DataSource ds =(DataSource ) envContext. lookup ("jdbc/db_book");

        Connection conn = ds. getConnection ();        //获得连接对象

        System. out. print ("连接 MySQL 数据库成功!");
        conn. close ();
    }catch (Exception e){
        System. out. print ("数据库连接失败");
    }
%>
```

最后，在浏览器中访问上面的 JSP 页面，测试连接池是否配置正确。

第七章　Web 容器安全管理

　　随着互联网的普及,越来越多的企业以互联网为媒介,发布产品信息、进行在线交易等活动;消费者也越来越多地使用在线支付、网银汇款等。这些活动的信息都在公共的互联网上进行传输,安全问题就不得不考虑了,开发者也应该具备一些基本的 Web 应用程序的安全常识。本章对 HTTP 的验证机制、在 Tomcat 中使用声明式安全机制和 SQL 注入三个方面的安全知识进行讲解,读者可以把这些安全常识应用到以后的 Web 应用程序开发中,让 Web 应用程序更加安全。

第一节　理解 HTTP 验证机制

　　验证,就是确定一个用户是谁的过程。例如,身份证是每个人的标识,你说你是张三,把身份证拿出来一看就明白了,这就是验证。在网络上,验证一个用户是谁通常指的是用户名和密码。对于 Web 应用程序,Servlet 规范定义了以下 4 种验证用户的机制。

一、HTTP 基本验证

　　HTTP 基本验证是 HTTP 1.0 规范定义的,它是最基本的基于用户名和密码的验证机制。

　　当浏览器请求某个受保护的资源时,Web 服务器会请求客户端验证该用户,此时,浏览器就会弹出一个对话框,要求用户输入用户名和密码,只有当用户输入正确的用户名和密码以后,Web 服务器才会允许该资源被请求。如果用户名和密码输入错误,则服务器端返回 HTTP 403 错误,提示用户验证不成功。

二、HTTP 摘要验证

与 HTTP 基本验证类似,HTTP 摘要验证也是基于用户名和密码来验证用户的合法性的。只不过密码数据是以加密的形式(通常是MD5 摘要算法)进行传输,比 HTTP 基本验证要安全一些。

三、基于表单的验证

与 HTTP 基本验证类似,基于表单的验证也需要用户输入用户名和密码,只不过使用定制的 HTTP 表单接收用户输入,而不是使用浏览器的对话框。

说明:这里的表单往往指的是开发者自定义的表单 HTML 文件。

四、HTTPS 验证

HTTPS 是建立在 SSL(安全套接字层)之上的 HTTP 协议,它与HTTP 协议不同的地方在于,每一次数据的传输都存在数据的加密和解密,以保证数据传输的安全。HTTPS 被几乎所有的浏览器和 Web服务器支持,它的安全性是最高的,但是它的代价也是最高的。网上银行是 HTTPS 应用比较多的地方。

第二节　在 Tomcat 中使用声明式安全机制

声明式安全机制是在 web. xml 配置文件中通过配置的方式指定Web 应用程序的安全处理机制,它可以在不破坏 Web 应用程序的情况下使用安全验证。默认情况下,Web 应用程序里的所有资源都是可以访问的,可以在 web. xml 文件里使用<security-constraint>、<login-config>、<security-role>等标签的配置来限制资源的访问。本节介绍了在 Tomcat 中使用声明式安全机制的实现方法。

一、基本验证的实现

基本验证的实现非常简单,只需要在 Tomcat 的用户配置文件 tom-cat-users. xml 和 Web 应用的 web. xml 文件中进行配置即可。

例 7 - 1　详细开发步骤如下。

(1)在 tomcat-uers. xml 文件中配置需要的用户名和角色。假设存在两个用户 zhangsan 和 lisi,他们的角色分别为老师和学生。把他们的配置保存在 Tomcat 的安装目录的“conf/tomcat-users. xml”文件里,这些角色和用户名可以用于 Tomcat 里的所有 Web 应用。编辑该文件如下:

```
<? xml version="1. 0" encoding="UTF-8"? >
<tomcat-users>
    ...
    <role rolename="teacher"/>
    <role rolename="student"/>
    < user username = " zhangsan" password = "123" roles =
"teacher"/>
    < user username = " lisi" password = " 123 " roles =
"student"/>
    ...
</tomcat-users>
```

注意:在配置 Tomcat 管理页面的时候,也是需要配置 tomcat-users. xml 文件的,只不过角色名为 manage 或 admin。

(2)创建一个名字为 WebSecurity 的 Java Web 工程,并部署到 Tomcat 里。接下来就是配置需要应用的 web. xml 文件,大致的步骤是这样的,首先用<security-constraint>配置那些资源受保护以及授权的角色名,然后用<login-config>设置验证模式,最后用<security-role>引用上一步配置的角色数据。这里,假设老师只能访问 JSP 文件,而学生只能访问 HTML 文件。配置 web. xml 如下:

```
<? xml version="1. 0" encoding="UTF-8"? >
<web-app version = "2. 5" xmlns = "http://java. sun. com/xml/
```

ns/javaee"

```
     xmlns:xsi="http://www. w3. org/2001/XMLSchema-instance"
     xsi:schemaLocation="http://java. sun. com/xml/ns/javaee
     http://java. sun. com/xml/ns/javaee/web-app_2_5. xsd">
     <security-constraint>
        <! --受保护的老师访问资源:所有JSP-->
        <web-resource-collection>
           <web-resource-name>Teacher Area</web-resource-name>
           <url-pattern> * . jsp</url-pattern>
        </web-resource-collection>
        <! --授权 teacher 角色访问-->
        <auth-constraint>
           <role-name>teacher</role-name>
        </auth-constraint>
     </security-constraint>
     <security-constraint>
        <! --受保护的学生访问资源:所有JSP-->
        <web-resource-collection>
           <web-resource-name>Student Area</web-resource-name>
           <url-pattern> * . html</url-pattern>
        </web-resource-collection>
        <! --授权 student 角色访问-->
        <auth-constraint>
           <role-name>student</role-name>
        </auth-constraint>
     </security-constraint>
     <! --使用基本验证的登录方式-->
     <login-config>
        <auth-method>BASIC</auth-method>
        <realm-name>Basic Auth Test</realm-name>
     </login-config>
     <! --引用 teacher 和 student 角色-->
     <security-role>
```

```
        <role-name>teacher</role-name>
    </security-role>
    <security-role>
        <role-name>student</role-name>
    </security-role>
</web-app>
```

(3)编写两个测试文件 test. jsp 和 test. html,其中 test. jsp 的内容如下:

```
<%@ page language="java" import="java. util. * " pageEncoding="UTF-8"%>
<! DOCTYPE html PUBLIC "-//W3C//DTD html 4. 01 Transitional//EN">
<html>
    <head>
        <title>测试 JSP</title>
        <meta http-equiv="Content-Type"
        content="text/html;charset=UTF-8">
    </head>
    <body>
        测试 JSP
    </body>
</html>
```

test. html 与 test. jsp 类似,内容如下:

```
<! DOCTYPE html PUBLIC "-//W3C//DTD html 4. 01 Transitional//EN">
<html>
    <head>
        <title>测试 html</title>
        <meta http-equiv="Content-Type"
        content="text/html;charset-UTF-8">
    </head>
    <body>
        测试 html
```

```
        </body>
    </html>
```

（4）启动 Tomcat，打开浏览器窗口，在浏览器的地址栏内输入"http://localhost:8080/WebSecurity/test. jsp"，按下 Enter 键，浏览器将弹出一个登录提示框。此时，若使用用户名"zhangsan"和密码"123"进行登录，一切都正常运行；若输入"lisi"和"123"进行登录，则会出现验证失败的界面。对 test. html 的访问类似，使用用户名"lisi"和密码"123"才能验证成功。

技巧：在用户确认安全的情况下，可以把"记住我的密码"选项勾选上，就无须每次都手动输入用户名和密码了。

二、基于表单验证的实现

基于表单的验证需要指定登录页面和错误页面。登录页面表单的 action 属性必须为"j_security_check"，用户名和密码参数名也规定为"j_username"和"j_password"。

例 7 - 2　详细开发步骤如下。

（1）创建包含登录表单的登录页面 login. html，完整示例代码如下：

```
<! DOCTYPE html PUBLIC"-//W3C//DTD html 4.01 Transi-
tional//EN">
<html>
    <head>
    <title>登录界面</title>
    <meta http-equiv="content-type" content="text/html;
        charset=UTF-8">
    </head>
<body>
    <form action="j_security_check" method="post">
        <table border="1" align="center">
            <! --定义标题-->
            <caption>用户登录</caption>
            <! --定义用户名输入框-->
```

```
<tr>
  <td>用户名:</td>
  <td><input type="text" name="j_username"></td>
</tr>
<!--定义密码输入框-->
<tr>
  <td>密码:</td>
  <td><input type="password" name="j_password"></td>
</tr>
<!--定义提交、重置按钮-->
<tr>
  <td colspan="2" align="center">
    <input type="submit" value="提交">
    <input type="reset" value="重置">
  </td>
</tr>
</table>
</form>
</body>
</html>
```

说明:表单的 action 属性为 j_security_check、名字为 j_username 的用户名输入框和名字为 j_password 的密码输入框是表单验证的关键,它们是 Web 容器必需的请求路径和请求参数。

(2)创建错误页面:error. html。当验证失败以后,浏览器自动访问该错误页面,可以这样来写该错误页面的 HTML 代码:

```
<!DOCTYPE html PUBLIC "-//W3C//DTD html 4.01 Transitional//BN">
<html>
  <head>
    <title>登录界面</title>
    <meta http-equiv="content-type" content="text/html; charset=UTF-8">
```

```
      </head>
      <body>
          用户名或密码错误,请<a href="login.html">重新登
录</a>!
      </body>
  </html>
```

(3)修改 web.xml 文件,配置基于表单的验证机制。这里,假设已经按照上一小节所述,在 tomcat-users.xml 文件里配置了老师的角色和用户。修改 web.xml 内容如下:

```
  <?xml version="1.0" encoding="UTF-8"?>
  <web-app version="2.5" xmlns="http://java.sun.com/xml/
ns/javaee"
      xmlns:xsi="http://www.w3.org/2001/XMLSchema-instance"
      xsi:schemaLocation="http://java.sun.com/xml/ns/javaee
      http://java.sun.com/xml/ns/javaee/web-app_2_5.xed">
      <security-constraint>
        <!--受保护的老师访问资源:所有 JSP-->
        <web-resource-collection>
          <web-resource-name>Teacher Area</web-resource-name>
          <url-pattern>*.jsp</url-pattern>
        </web-resource-collection>
        <!--授权 teacher 角色访问-->
        <auth-constraint>
          <role-name>teacher</role-name>
        </auth-constraint>
      </security-constraint>
      <!--使用表单验证的登录方式-->
      <login-config>
        <auth-method>FORM</auth-method>
        <!--指定登录页面和错误页面-->
        <form-login-config>
          <form-login-page>/login.html</form-login-page>
          <form-error-page>/error.html</form-error-page>
```

```
            </form-login-config>
        </login-config>
        <! --引用 teacher 角色-->
        <security-role>
            <role-name>teacher</role-name>
        </security-role>
    </web-app>
```

（4）用以上配置的 web. xml 文件替换掉上一节的 web. xml 以后，启动 Tomcat，打开浏览器窗口，在浏览器的地址栏内输入"http://local-host:8080/WebSecurity/test. jsp"，按下 Enter 键，浏览器跳转到登录界面。如果用户名和密码输入错误，则跳转到验证失败的界面，用户可以单击"登录页面"进行重新登录。

第三节　防范 SQL 注入

Web 应用程序的安全性涉及多个方面，前面讲述的是通过验证和授权来防止未授权用户访问受保护的资源。但大多数情况下，安全问题是由系统本身的漏洞或程序员的疏忽造成的，其中 SQL 注入就是一个非常典型的例子。

一、什么是 SQL 注入

SQL 注入攻击技术指的是从一个数据库获得未经授权的访问和直接检索。就其本质而言，它针对应用程序开发者编程过程中的漏洞，通过在查询语句中插入一系列的 SQL 语句将数据写到应用程序中，从而欺骗数据库服务器执行非授权的任意查询。这类应用程序一般是网络应用程序（Web application）。

首先来看一看以下用于用户登录的 Servlet 的 doPost ()方法代码片段：

…

```
//获取用户名参数
String username＝request. getParameter ("username");
//获取密码参数
String password＝request. getParameter ("password");
//定义结果语句
string msg＝"";
Connection conn＝null;
Statement stmt＝null;
ResultSet rs＝null;
String sql＝"select ＊ from ch13_user where username＝
'＋username＋' and password＝'＋password＋' ";
System. out. println ( sql );
try{
    conn＝DriverManager. getConnection ( url,user,pwd );
    stmt＝conn. createStatement ();
    rs＝stmt. executeQuery ( sql );
    if ( rs. next ()) {
        msg＝"登录成功";
    } else {
        msg＝"登录失败";
    }
} catch ( SQLException e ) {
    e. printStackTrace ();
} finally {
    if ( conn ！ ＝null )
        try {
            conn. close ();
        } catch ( SQLException e ) {
            e. printStackTrace ();
        }
}
```

…

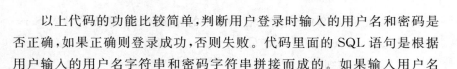

以上代码的功能比较简单，判断用户登录时输入的用户名和密码是否正确，如果正确则登录成功，否则失败。代码里面的 SQL 语句是根据用户输入的用户名字符串和密码字符串拼接而成的。如果输入用户名"abc"，密码"123"，那么执行的 SQL 语句如下：

Select * from ch13_user where username＝"abc" and password＝"123"

但是，如果用户是一个恶意用户，他即使不知道数据库里的用户名和密码，也可以成功登录。例如，可以在登录页面这样输入：

用户名：abc

密码："1111" or "1"="1"

他输入的密码字符串非常有特点，一旦和现有的 SQL 字符串拼接，将产生一个这样的 SQL 语句：

Select * from ch13_user where username＝"abc" and password＝"1111"or "1"="1"

这个 SQL 语句不但没有语法错误，而且，还是一个永远都会有数据返回的 SQL 查询语句，因为最后的"or "1"="1""是一个恒等条件。这个恶意的用户就是利用了 SQL 语句的特点，构造了一个特殊的查询语句，让原本不成立的条件成立了。如果登录以后进入的是一个需要授权的后台管理界面，那么就非常危险了，这个恶意用户不知道会在后台做些什么。这就是"大名鼎鼎"的 SQL 注入的一个案例。

说明：SQL 注入不仅限于查询语句，还包括更新、删除、添加等 SQL 语句都可能被注入一些危险的字符串，发生一些让开发者完全想不到的事情。

二、防范 SQL 注入实例

SQL 注入尽管很可怕，但是对于 Java 语言来说，还是可以很好地防范这样的攻击的。真实的 SQL 注入就是用户输入了一些特殊的 SQL 字符，如单引号""、等号"＝"等，如果把这些动态 SQL 用占位符的形式描述，然后再用 PreparedStatement 替代 Statement 就可以防范了。

使用 JDBC 的时候，应该养成使用 PreparedStatement 的习惯，这样就可以成功地防范 SQL 注入了。

接下来是一个类似于上节用 SQL 注入的方式防止非法登录的完整

实例,可以此例为蓝本,规范以后开发中的登录、注册、数据修改等 Servlet、JSP 或 JavaBean 的 JDBC 写法。

例 7 - 3 详细开发步骤如下。

(1)数据库建表和初始化数据。单击"开始"→"所有程序"→"MySQL"→"MySQL Server 8.0"→"MySQL 8.0 Command Line Client"命令,弹出命令提示符输入框,输入管理员密码后按下 Enter 键,打开了 MySQL 客户端,输入"use test"命令并按下 Enter 键,然后输入以下 SQL 代码,建立一个用户表,并插入一条初始记录。

```
create table ch13_user
(
username varchar(20) primary key,
password varchar(20)
);
insert into ch13_user values('test001','123');
```

(2)新建 Web 工程。运行 Eclipse,在菜单栏单击"File"→"New"→"Web Project"菜单命令,弹出提示框。输入工程名字"SqlSecurity",选择 J2EE 规范为"Java EE 5.0",最后单击"Finish"按钮。

说明:本实例需要使用 MySQL 的 JDBC 驱动,所以在工程建好以后,需要在工程目录"/SqlSecurity/WebRoot/WEB-INF/lib"里放入 MySQL 的驱动程序 .jar 文件。

(3)创建 LoginServlet 类。在菜单栏单击"File"→"New"→"Class"菜单命令,弹出提示框。输入包名,这里是"com. throne212. javaweb. ch13",输入类名"LoginServlet",最后单击"Finish"按钮。该 LoginServlet 使用 PreparedStatement 来处理 SQL 语句,完整代码如下:

```
package com. throne212. javaweb. ch13;
import java. io. IOException;
import java. io. PrintWriter;
import java. sql. Connection;
import java. sql. DriverManager;
import java. sql. PreparedStatement;
import java. sql. ResultSet;
import java. sql. SQLException;
import jakarta. servlet. ServletException;
```

```
import jakarta. servlet. http. HttpServlet;
import jakarta. servlet. http. HttpServletRequest;
import jakarta. servlet. http. HttpServletResponse;
//定义 LoginServlet
public class LoginServlet extends HttpServlet {
//数据库连接 URL
    private static final String url＝"jdbc:mysql://localhost:3306/
test";
//数据库用户名
    private static final String user＝"root";
//数据库密码
    private static final String pwd＝"123";
    static {
        try {
            Class. forName ("com. mysql. cj. jdbc. Driver"); //加 载
驱动类
        } catch (ClassNotFoundException e) {
            e. printStackTrace ();
        }
    }
    public void doGet (HttpServletRequest request, HttpServlet-
Response response) throws ServletException, IOException {
        this. doPost (request, response);
    }
    public void doPost (HttpServletRequest request, HttpServlet-
Response response) throws ServletException, IOException {
//设置返回文本类型
        response. setContentType ("text/html;charset＝UTF-8");
        String username＝request. getParameter ("username");
//获取用户名参数
        String password＝request. getParameter ("password");
//获取密码参数
        String msg＝"";// 定义结果字符串
```

```
            Connection conn＝null;// 定义连接
            PreparedStatement ps＝null;// 定义预定义会话
            ResultSet rs＝null;// 定义结果集
    //使用包含占位符的 SQL 语句
            String sql＝"select ＊ from ch13_user where username＝?
and password＝?";
            System. out. println ( sql );
            try {
    //获取连接
            conn＝DriverManager. getConnection ( url,user,pwd );
            ps＝conn. prepareStatement ( sql );
            ps. setString ( 1,username );// 设置用户名参数
            ps. setString ( 2,password );// 设置密码参数
            rs＝ps. executeQuery ();// 执行查询
            if ( rs. next ()) {
                msg＝"登录成功";
            } else {
                msg＝"登录失败";
            }
            } catch ( SQLException e ) {
                e. printStackTrace ();
            } finally {
                if ( conn ！ ＝null )
                    try {
                        conn. close ();
                    } catch ( SQLException e ) {
                        e. printStackTrace ();
                    }
            }
            PrintWriter out＝response. getWriter ();
    //获取输出流,并开始打印以下信息
            out. println ("<html>");
            out. println ("<HEAD><TITLE>A Servlet</TITLE>
```

```
</HEAD>");
        out. println("<BODY>");
        out. println(msg);// 打印结果
        out. println("</BODY>");
        out. println("</html>");
        out. flush();
        out. close();// 关闭输出流
    }
}
```

（4）在 web. xml 中配置 LoginServlet。在 SqlSecurity 工程的"WebRoot/ WEB-INF/"目录里找到 web. xml 文件,双击打开该文件,修改该配置文件内容如下:

```
<? xml version="1. 0" encoding="UTF-8"? >
<web-app version="2. 5" xmlns="http://java. sun. com/xml/
ns/javaee"
        xmlns:xsi="http://www. w3. org/2001/XMLSchema-instance"
        xsi:schemaLocation="http://java. sun. com/xml/ns/javaee
        http://java. sun. com/xml/ns/javaee/web-app_2_5. xsd">
        <welcome-file-list>
            <welcome-file>login. html</welcome-file> <! --设置
欢迎页面-->
        </welcome-file-list>
        <servlet>
            <servlet-name>LoginServlet</servlet-name><! --Servlet
的名字-->
            <servlet-class>
                    com. throne212. javaweb. ch13. LoginServlet <! --
Servlet 的完整类名-->
            </servlet-class>
        </servlet>
        <servlet-mapping>
            <servlet-name>LoginServlet</servlet-name><! --Servlet
的名字-->
```

<url-pattern>/LoginServlet</url-pattern><! --Servlet 的 URL 匹配方式-->

</servlet-mapping>

</web-app>

或者直接按照如下方式在 Web 容器注册 Servlet 的 URI。

@ WebServlet ("/LoginServlet")

public class LoginServlet extends HttpServlet{

(5)创建登录页面 login. html。在菜单栏单击"File"→"New"→"html"菜单命令,弹出提示框。输入文件路径"/SqlSecurity/WebRoot",输入文件名"login. html",最后单击"Finish"按钮,创建好 login. html 登录页面,并输入完整代码如下:

<html>

<head>

<title>用户登录</title>

< meta http-equiv = "content-type" content = "text/html; charset=UTF-8">

</head>

<body>

<! --定义一个 method 为 post,action 为 LoginServlet 的表单-->

<form action="LoginServlet" method="post">

<table border="1" align="center">

<! --定义标题-->

<caption>用户登录</caption>

<! --定义用户名输入框-->

<tr>

<td>用户名:</td>

<td><input type="text" name="username"></td>

</tr>

<! --定义密码输入框-->

<tr>

<td>密码:</td>

```
            <td><input type="password" name="password">
</td>
            </tr>
            <!--定义提交、重置按钮-->
            <tr>
            <td colspan="2" align="center">
                <input type="submit" value="提交">
                <input type="reset" value="重置">
            </td>
            </tr>
            </table>
        </form>
    </body>
</html>
```

　　(6)部署应用到 Tomcat 中。在 Eclipse 的工具栏中,单击部署器,弹出提示框,项目选择"SqlSecurity",单击"Add"按钮,弹出提示框,服务器选择"Tomcat9.x",然后单击"Finish"按钮,再单击"OK"按钮。

　　(7)运行 SqlSecurity 程序。启动 Tomcat,打开浏览器窗口,在浏览器的地址栏内输入"http://localhost:8080/SqlSecurity/login.html",按下 Enter 键,进入登录界面。此时,若同样输入以下恶意的 SQL 注入字符串:

用户名:abc

密码:"1111" or "1"="1"

得到的是登录失败的结果。

第八章　Spring 起步

　　Java 是一种面向对象的跨平台编程语言,其引入了 JVM(Java 虚拟机),能够一次编译处处运行,开发人员不需要再为操作系统和处理器的不同而导致的应用出错或者无法启动而烦恼。就应用开发本身而言,不管使用哪种开发语言,为保证应用代码的可读性、可靠性和可重用性,开发人员需要在单一职责原则、开闭原则、里氏替换原则、依赖倒置原则、接口隔离原则、迪米特法则等设计原则的指导下,遵循一定的设计模式进行设计和开发。

　　Spring 框架是为解决企业应用开发的复杂性而诞生的,它简化了 Java 应用开发,提高了应用开发的可测试性和可重用性。Spring 的核心理念是控制反转(inversion of control,IoC),其通过依赖注入(dependency injection,DI)的方式来实现控制反转。作为轻量级的 IoC 容器,Spring 框架可以轻松地实现与其他多种框架的整合,其逐步成为 Java 企业级开发最流行的框架,而且由基础框架衍生出了从 Web 应用到大数据平台等诸多项目,形成了以框架为核心的生态圈,成为 Java 应用开发的一站式解决方案。

第一节　Spring 概述

一、Spring 的由来与发展

　　面向过程的编程将需要解决的问题拆分成解决步骤,使用函数将这些步骤实现,并依次调用。20 世纪 60 年代开发的 Simula 67 语言首次提出了面向对象的编程思想,并引入了类、对象和继承等基础概念,被公认为是面向对象语言的"鼻祖"。

Simula 67 之后出现的 Smalltalk 语言迅速引领了面向对象的设计思想的浪潮,被认为是历史上第二个面向对象的程序设计语言和第一个真正的集成开发环境(IDE),被称为"面向对象编程之母",它对其他面向对象的编程语言的产生也起了极大的推动作用。

Java 语言是在 Smalltalk 语言的影响下横空出世并迅速发展的。出于统一化和标准化的目的,JCP 官方针对 Java 企业级开发制定了一系列的规范,这其中就包含服务器端组件模型标准 EJB,但早期 EJB 标准开发需要遵循严格的 Bean 定义规范,部署烦琐且对应用服务器有严格要求,对大多数的应用开发来说显得非常沉重,Spring 在这种背景下应运而生并蓬勃发展,由此逐步形成了系统的 Spring 生态圈。

二、Spring 的概念及理念

Spring 是为了解决企业应用开发的复杂性而诞生的,它在对 Java EE 框架的思考和改善之上,实现了对 EJB 重量级容器的替换。Spring 是一个轻量级的依赖注入(DI)和面向切面编程(AOP)的容器框架,极大地降低了企业应用系统开发的耦合性,提高了灵活性。

Spring 框架开发的原则和理念如下:

• Spring 的目标是提供一个一站式轻量级的应用开发平台,并抽象应用开发遇到的共性问题。其提供了各个层级的支持,包括 Web MVC 框架、数据持久层、事务处理和消息中间件等。

• Spring 提供了与其他中间件的广泛支持,开发者可以尽可能晚地决定使用哪种方案。以数据持久化框架为例,可以配置切换持久层框架,而无须修改代码,其他的基础框架和第三方 API 的集成也是如此。

• 保持强大的向后兼容性。Spring 版本的演变经过精心设计,实现功能升级的同时对旧版本也保持了很好的兼容性。

• 关心 API 设计。Spring 官方提供了全面和易用的 API 参考文档,这些 API 参考文档的稳定性较高,在多个版本中维持不变。Spring 框架强调有意义的、及时的和准确的 Java Doc。这也得益于 Spring 清晰的代码结构,它的包之间不存在循环依赖。

三、Spring 框架体系结构

    Spring 是一个轻量级和面向切面的窗口框架,它的基本组成:完善的轻量级核心构架,通用的事务管理抽象层,JDBC 抽象层,灵活的 Web MVC 应用框架,AOP 功能,集成了 Toplink、Hibernate、JDO 等。Spring 框架是基于 Java 平台的,为开发 Java 应用提供了全方位的基础设施支持,并且很好地处理了这些基础设施,所以开发者只需要关注应用本身即可。Spring 可以使用 POJO 创建应用,并且可以将企业服务非侵入式地应用到 POJO 中。这项功能适用于 Java SE 编程模型以及全部或部分的 Java EE。

    Spring 框架包含 20 多个模块,每个模块由大约 3 个 .jar 文件组成,这 20 多个模块按照功能划分为 7 大类。Spring 框架的整体体系结构如图 8-1 所示。

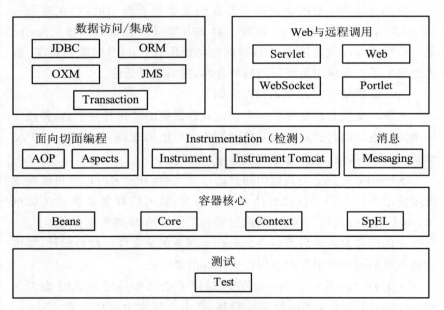

图 8-1 Spring 框架的整体体系结构

接下来就以上分类模块进行简单介绍。

（1）容器核心。容器是 Spring 框架的基础，负责 Bean 的创建、拼接、管理和获取的工作。Beans 和 Core 模块实现了 IoC/DI 等核心功能，BeanFactory 是容器的核心接口。

Context 模块在核心模块之上进行了功能的扩展，添加了国际化支持、框架事件体系、Bean 生命周期管理和资源加载透明化等功能。

SpEL 表达式语言模块是统一语言表达式（Unified EL）的一个扩展，用于查询和管理容器对象、获取和设置对象属性、调用对象方法和操作数据等。

（2）面向切面编程。在 AOP 模块中，Spring 提供了面向切面编程的支持，类似于事务和安全等关注点从应用中解耦出来。Aspects 是一个面向切面编程的框架，Spring Aspects 模块提供了对它的集成。

（3）数据访问/集成。数据访问/集成分类包括 JDBC、ORM、OXM、JMS 和事务处理 5 个模块。JDBC 模块实现了对 JDBC 的抽象，简化了 JDBC 进行数据库连接和操作的编码；ORM 模块为多个流行的 ORM 框架提供了统一的数据操作方式，包括 Hibernate、MyBatis Java Persistence API 和 JDO；OXM 模块提供了对 OXM 实现的支持，比如 JAXB、Castor、XML Beans、JiBX 和 XStream 等；JMS 模块提供了对消息功能的支持，可以生产和消费消息；事务处理模块提供了编程式和声明式事务管理，支持 JDBC 和所有的 ORM 框架。Spring 在 DAO 的抽象层面，对不同的数据访问技术进行了统一和封装，建立了一套面向 DAO 的统一异常体系。

（4）Web 与远程调用。Servlet 模块包含一个强大的 MVC 框架，用于 Web 应用实现视图层与逻辑层的分离。

Web 模块提供了面向 Web 的基本功能和 Web 应用的上下文，例如使用 Servlet 监听器对 IoC 容器进行初始化、文件上传等。此模块还包括 HTTP 客户端和 Spring 远程调用等。Portlet 模块提供了用于 Portlet 环境的 MVC 实现。WebSocket 模块支持在 Web 应用中客户端与服务器端基于 WebSocket 双向通信。同时，Spring 提供了与其他流行 MVC 框架的集成，包括 Struts、JSF 和 WebWork 等。

除了 Web 应用外，Spring 还提供了对 REST API 的支持。Spring 自带一个远程调用框架 HTTP invoker，其集成了 RMI、Hessian、Burlap 和 JAX－WS。

（5）Instrumentation（检测）。Instrument 模块提供了在应用服务器中使用类工具的支持和类加载器的实现。Instrument Tomcat 是针对 Tomcat 的 Instrument 实现。

（6）消息。Messaging 模块用于消息处理，也包含了一系列用于映射消息的注解。

（7）测试。Test 模块通过 JUnit 和 TestNG 框架支持的单元测试和集成测试，提供了一系列的模拟对象辅助单元测试。另外，Spring 提供了集成测试的框架，可以很容易地加载和获取应用的上下文。

以上模块都已经通过 Maven 进行管理，组名（groupId）是 org. spring frame work，各模块分别对应不同的项目（artifactId），详细参见表 8 - 1。

表 8 - 1　Spring 框架模块的 Maven 对应

模块名	Maven 项目名	描述
Core	spring-core	核心库
Beans	spring-beans	Bean 支持
Context	spring-context	应用的上下文
Context	spring-context-support	集成第三方库到上下文
SpEL	spring-expression	Spring 表达式语言
AOP	spring-aop	基于代理的 AOP
Aspects	spring-aspects	与 AspectJ 集成
Instrumentation	spring-instrument	JVM 引导的检测代理
Instrumentation Tomcat	spring-instrument-tomcat	Tomcat 的检测代理
Messaging	spring-messaging	消息处理
JDBC	spring-jdbc	JDBC 的支持和封装
Transaction	spring-tx	事务处理
ORM	spring-orm	对象关系映射，支持 JPA 和 Hibernate
OXM	spring-oxm	对象 XML 映射
JMS	spring-jms	JMS 消息支持

续表

模块名	Maven 项目名	描述
Servlet	spring-webmvc	MVC 框架及 REST Web
Portlet	spring-webmvc-portlet	Portlet 环境的 MVC 实现
Web	spring-web	客户端及 Web 远程调用
WebSocket	spring-websocket	WebSocket 和 SockJS 实现
Test	spring-test	测试模拟对象和测试框架

第二节　Spring IoC 容器的相关概念

IoC 容器是 Spring 最核心的概念和内容。它替代了传统的 new 方式初始化对象,通过读取在 XML 文件中配置的 Bean 定义,自动创建并管理容器的 Bean 实例及其生命周期;最重要的是可以在 Bean 的定义中进行依赖对象的配置,并根据依赖配置自动注入相关依赖,降低对象之间的耦合程度,以达到解耦的效果。Spring 提供了多种依赖注入方式,包括构造函数注入和设置值注入等。

为了更好地理解 Spring IoC 容器的概念,本节主要对组件、容器、框架及 Bean 的相关概念,以及控制反转和依赖注入等概念做简单的介绍。

一、组件、框架和容器

组件、框架和容器是所有开发语言都适用的概念。组件是为了代码的重用而对代码进行隔离和封装;框架在提供一系列组件的基础上,定义了更高层级的规范和开发方式;容器对不同层级的对象进行存放和管理。

(一)组件

组件是实现特定功能、符合某种规范的类的集合。组件是一个通用概念,适合所有的开发语言,例如,C♯语言的 COM 组件、JavaScript 中的 JQuery 库、Java 语言 AWT 的 UI 组件、文件上传的 Apache Commons FileUpload 组件及 Microsoft Office 的 Apache POI 组件等。从组件实现功能的角度可以将组件划分为两类:实现特定逻辑的功能组件和用来进行界面呈现的 UI 组件。

在 Java 中,实现数据库连接的 JDBC 驱动和实现日志的 Log4j 都可以称为逻辑功能组件;AWT、Swing 等界面开发库提供的输入框、按钮和单选框等是 UI 组件。从 UI 呈现上来理解组件会比较直观,只是随着 B/S 架构的流行,基于 Java 开发的 C/S 模式的客户端逐渐减少,取而代之的是 B/S 模式下使用 JavaScript 开发的前端 UI 组件。此外,组件可以自行开发,用来提高代码的可重用性。组件最终呈现方式是单个或多个 .class 类文件,或者打包的 .jar 文件。

(二)框架

框架一般包含具备结构关系的多个组件,这些组件类相互协作构成特定的功能。Java EE 是官方定义的 Java 企业级开发的一系列标准规范。这些标准规范中,有的只是定义了规范和接口,有的除了规范和接口外,官方还提供了实现框架,这其中有一些基于 Java EE 的子标准的实现框架,具体包括 Enterprise JavaBean 管理的 EJB 框架、Java Web 应用程序开发的 JSF 框架等。

除了 Java 官方 JCP 提供的框架之外,一些开源组织和厂商根据 Java EE 规范的接口,也提供了实现框架,如实现 JMS 规范接口的 ActiveMQ 和 RabbitMQ 的消息队列框架,实现 JPA 规范的 Hibernate 和 MyBatis 的对象数据映射框架。此外,还有一些框架没有完全遵循 Java EE 的标准,而是用一种更贴近现实和便捷的方式来规范和实现,典型代表就是 Spring Bean 管理的依赖注入框架。

(三)容器

容器的字面意思是盛放东西的器皿。在 Java 语言中,容器的概念可以应用在多种场景中,具体如下:

(1)Java 基本数据类型中的容器类型,如 List、Set 和 Map,这些集合类型用于存放其他对象。

（2）Java UI 组件的容器类型，如 AWT 中的 Windows 容器，用来盛放 Button 和 TextField 等组件。

（3）用来存放 Java 对象的 Bean 容器，并且对其中的 Bean 实例进行管理。与基本的容器类型不同，除了存放，还可以对该 Bean 实例的生命周期和依赖进行管理，比如 Spring Bean 容器、EJB 容器等。

（4）Java 程序运行所需要的环境，如支持 Servlet 的 Web 容器（比如 Tomcat）、运行 EJB 的容器（比如 JBoss）。这里的容器更多地被称为服务器。

从对象的容器角度来看，EJB 容器和 Spring Bean 容器在本质上功能是一致的，不同的是 EJB 装载的是需要符合 EJB 规范且需要继承特定类和接口的类对象：Spring 装载 POJO 即可。EJB 容器和 Web 容器都是 J2EE 容器的组成部分，同时具备 Web 容器和 EJB 容器功能的软件才能被称为 Java EE 应用服务器。EJB 需要运行在应用服务器中，Spring Bean 容器只需要在开发端导入相关的 JAR 文件就可以，其可以运行在一般的 Java Web 服务器中。

一般而言，框架的范围大于组件，组件可以包含在框架里，二者与容器的关系需要结合容器所对应的应用场景。仅以 Spring 来说，它是一个 Java 开发的框架，包含了一个 IoC 类型的 Bean 管理容器，另外还提供了 AOP、数据访问事务管理等组件。

二、JavaBean、POJO 和 EJB

JavaBean、POJO 和 EJB 都是对 Java 类定义的规范，目的是提高代码的规范性和可重用性。

（一）JavaBean 对象

JavaBean 是 JCP 定义的一种 Java 类的标准，包括属性、方法和事件三方面的规范。规范提案编号是 JSR 303，内容如下：

（1）其是一个公共作用域的类。

（2）这个类有默认的无参数构造函数。

（3）这个类需要被序列化且实现 Serializable 接口。

（4）可能有一系列可读写属性，通过 getter ()或 setter ()方法存取属性值。

此外,对于使用 Java 进行桌面开发的 UI 组件 Bean,还需要支持发送外部的事件或者从外部接收的事件,包括 Click 事件和 Keyboard 事件等。

对应以上每条规范,出发点和目的分别如下:

(1)定义成公共作用域的类是为了提供给其他类使用。

(2)无参数构造函数是让框架和容器可以使用反射机制进行实例化。

(3)Serializable 接口是为了以序列化和反序列化来进行对象的传输或保存到文件中。

(4)使用 getter()和 setter()方法读写属性,是为了不暴露属性。容器可以通过反射机制进行属性值的读写。

(二)POJO(简单 Java 对象)

POJO(plain old java object)是 Martin Flower(DI 概念的提出者)、Josh MacKenzie 和 Rebecca Parsons 在 2002 年提出的概念,习惯称作"简单 Java 对象"。具体含义是指没有继承任何类,也没有实现任何接口,不需要遵从框架的定义,更没有被其他框架侵入的 Java 对象。其不依赖于任何框架,不担当任何特殊的角色,不需要实现任何 Java 框架指定的接口。一句话,POJO 基本上不需要遵循任何规范。当一个 POJO 可序列化,有无参数构造函数,使用 getter()和 setter()方法来访问属性时,它就是一个 JavaBean。

(三)EJB(企业级 JavaBean)

EJB(enterprise Java bean)被称为企业级 JavaBean,是 Java EE 服务器端的组件模型。EJB 是一种规范,最早出现于 1997 年,当时是 J2EE 官方规范中的主要规范。EJB 定义的组件模型,开发人员不需要关注事务处理、安全性、资源缓存池和容错性。

EJB 是用来定义分布式业务逻辑的组件 Bean。EJB 规定的 Bean 定义需要遵循 EJB 定义的规范,继承特定的接口,所以 EJB 也常用来指这种类型的 Bean 的规范。EJB 包含 3 种类型 Bean,分别是会话 Bean(session Bean)、实体 Bean(entity Bean)和消息驱动 Bean(message driven Bean)。

在最新的 EJB 的 3 种规范中,实体 Bean 拆分出来形成了 JPA 规范。EJB 设计的目标是分布式应用。EJB 基于 RMI 和 JNDI 等技术实现。RMI 使用的 JRMP 协议是位于 TCP 协议之上封装的一层协议。综合来看,EJB 是一般 JavaBean 规范的强化和提升。

三、IoC 与 DI 简介

IoC 是一种编程思想,或者说是一种设计模式。说到设计模式自然就要提到 GoF(四人组)于 1995 年出版的著名的《设计模式》一书,书中介绍了 23 种设计模式来实现系统的解耦合,提高代码的可维护性。但是书中并没有提到 IoC 的设计模式,有一种说法是 IoC 的理论出现在这本书之后。

设计模式中的抽象工厂模式从工厂类中获取同接口的不同实现,一定程度上减缓了耦合,但是代码耦合的实质还存在。IoC 模式将耦合从代码中移出去,放入配置中(比如 XML 文件),容器在启动时依据依赖配置生成依赖对象并注入。使用 IoC 容器后,代码从内部的耦合转到外部容器,解耦性更高,也更灵活。下面以实例来说明解耦的实现。

(1)实例场景。有 ClassA、ClassB 两个类,ClassA 中的方法 methodA ()需要调用 ClassB 中的 methodB()方法,传统的方式是先在 ClassA 的方法中通过 new ClassB 的方式获取 ClassB 的实例后调用 methodB()方法。

(2)初步改进。使用单例或工厂模式获取 ClassB 的实例。

(3)进一步改进。使用 IoC 模式,由容器创建和维护 ClassB,ClassA 需要的时候从容器中获取就可以。这样,创建 ClassB 的实例的控制权就由程序代码转移到容器。

控制权的转移即所谓的反转,依赖对象创建的控制权从应用程序本身转移到外部容器。控制反转的实现策略一般有如下两种。

①依赖查找(dependency look - up)。Java EE 中传统的依赖管理方式,Java EE 的 JNDI(Java naming and directory interface)规范对服务和组件的注册和使用类似于这种策略。首先需要将依赖或服务进行注册,然后通过容器提供的 API 来查找依赖对象和资源。该策略是中央控管的方式,具体使用示例包括 EJB 和 WebService 等。

②依赖注入(dependency injection,DI)。依赖对象通过注入进行创建,由容器负责组件的创建和注入,这是更为流行的 IoC 实现策略,根据配置

将符合依赖关系的对象传递给需要的对象。属性注入和构造器注入是常见的依赖注入方式。

虽然 Spring 从创建之初就实现了依赖注入的方式,但是明确的 DI 概念是由 Martin Flower 在 2004 年才提出的。在这之前,Spring 一直以 IoC 著称(由于习惯等原因,IoC 的称呼一直沿用至今)。对于容器而言,包括 EJB 容器等,基本上都实现了 IoC,所以用 IoC 作为 Spring 的标签其实不是很准确,直到 Martin Flower 将其正名。

IoC 是一种软件设计思想,DI 是这种思想的一种实现。控制反转乃至依赖注入的目的不是提升系统性能,而是提升组件可重用性和系统的可维护性。依赖注入使用"反射"等底层技术,根据类名来生成相应的对象,注入依赖项和执行方法。但是与常规方式相比,反射会消耗更多的资源并导致性能的衰减,虽然 JVM 改良优化后,反射方式与一般方式的性能差距逐渐缩小,但在提升代码的结构性和可维护性的同时,需要牺牲一定的系统性能作为代价。

在 Spring IoC 中有以下两种实现依赖注入的形式,即接口注入、构造方法注入。

(一)接口注入

接口注入就是将要注入的内容转入到一个接口中,然后将其注入它的实现类中,因为实现一个接口必须实现接口定义的所有方法。

例 8 - 1 不同国家的人说不同的话。

在 MyEclipse2014 中创建名为 Spring2 的 Web Project 项目,然后在 src 目录下创建接口。

(1)创建 Person 接口的代码如下:

```
package fw. spring;
public interface Person {
    public void sayHello ();
    public void sayBye ();
}
```

(2)建立两种具体实现的类:Chinese(中国人)和 American(美国人)。

Chinese. java 代码:

```
package fw. spring;
```

```java
public class Chinese implements Person {
//中国人说中文
    @Override
    public void sayHello () {
        //TODO 自动创建方法存根
        System. out. println ("你好");
    }
    @Override
    public void sayBye () {
        //TODO 自动创建方法存根
        System. out. println ("再见");
    }
}
```

American. java 代码:

```java
package fw. spring;
public class American implements Person {
//美国人说英语
    @Override
    public void sayHello () {
        //TODO 自动创建方法存根
        System. out. println ("hello");
    }
    @Override
    public void sayBye () {
        //TODO 自动创建方法存根
        System. out. println ("Bye");
    }
}
```

(3)修改 src 下 applicationContext. xml 配置文件,添加以下 Bean 内容。

```xml
<bean id="chinese" class="fw. spring. Chinese"/>
<bean id="american" class="fw. spring. American"/>
```

(4)建立 Java 测试类运行。测试类 Caller1. java 代码如下：

```
package fw. spring;
import org. springframework. context. ApplicationContext;
import org. springframework. context. support. ApplicationContext;
public class Caller1 {
    public static void main ( String [] args ) {
        //TODO 自动创建方法存根
        ApplicationContext ctx＝new ClassPathXmlApplication-
Context ("applicationcontext. xml" );
            Person person＝null;
            person＝( Person ) ctx. getBean ("chinese" );
            person. sayHello ();
            person. sayBye ();
            person＝( Person ) ctx. getBean ("american" );
            person. sayHello ();
            person. sayBye ();
    }
}
```

右击 Caller. java 文件，在弹出的快捷菜单中选择 Run as→Java Application 命令。

从例 8－1 可以看出，子类不是通过显示创建出来的，而是通过 Spring 工厂映射配置生成的。

（二）构造方法注入

构造方法注入是通过一个带参数的构造函数将一个对象注入进去。

(1)在实体类 Person. java 中添加两个构造方法：带参和无参。

```
public Person (){
    Public Person ( Long pid,Student st ) {
    //带参数的构造函数
    this. pid＝pid;
    this. st＝st;
    }
```

}

(2)在 applicationContext. xml 中进行赋值。

<bean id＝"person_con" class＝"fw. spring. Person"/>

<constructor_arg index＝"0" type＝"java. lang. Long" value＝"1">

</constructor_arg>

<constructor_arg index＝"1" type＝"java lang. Student" ref＝"st"/>

</constructor_arg>

</bean>

第三节　Spring 核心容器

　　Spring IoC 容器用来创建和管理类的实例称为 Bean。根据 Bean 的配置,使用 BeanFactory(BeanFactory 接口实现类的对象)创建和管理 Bean 实例。除了创建和管理 Bean 实例,Spring 容器最重要的作用是根据配置注入依赖对象。配置支持多种方式,早期使用 XML 文件进行配置。

　　Spring 中两个最基本最重要的包是 org. springframework. context 和 org. springframework. beans. factory,它们是 Spring 的 IoC 应用的基础。在这两个包中最重要的是 BeanFactory 和 ApplicationContext(接口)。

　　BeanFactory 沿袭了传统的对象工厂模式来进行命名,Application-Context 扩展了 BeanFactory。除了基本的对象管理之外,还提供了应用程序所需要的其他上下文信息。

一、BeanFactory 与 ApplicationContext

　　作为 IoC 容器,Spring 也提供了依赖查找的实现方式,类似于 EJB 使用 JNDI 查找组件和服务,Spring 可以通过 Bean 配置 id 或者通过 Bean 类来获取 Bean 实例。BeanFactory 是 Spring IoC 容器的一个重要接口,字面上看属于 Bean 的工厂类,功能类似于设计模式的工厂模式获取类的实例。基于 Spring 框架的应用,在启动时会根据配置创建一个实现 BeanFactory 接口的类对象，这个对象也就是所谓的容器。

注意：反射可以非常灵活地根据类的名称创建一个对象，所以 Spring 只使用了 Prototype 和 Singleton 两个基本的模式。org. springframework. beans. factory 包中的 BeanFactory 定义了统一的 getBean()方法，使用户能够维护统一的接口，而不需要关心当前的 Bean 是来自 Prototype 产生的独立的 Bean，还是 Singleton 产生的共享的 Bean。

ApplicationContext 是 IoC 容器的另一个重要接口，被称为应用上下文，它继承自 BeanFactory，包含了 BeanFactory 的所有功能，同时也提供了一些新的高级功能，如下：

（1）MessageSource（国际化资源接口），用于信息的国际化显示。

（2）ResourceLoader（资源加载接口），用于资源加载。

（3）ApplicationEventPublisher（应用事件发布接口），用于应用事件的处理。

BeanFactory 和 ApplicationContext 位于框架的不同包中。BeanFactory 位于 org. springframework. beans 包中，而 ApplicationContext 位于 org. springframework. context 包中。

ApplicationContext 除了继承 BeanFactory 接口，还继承了 EnvironmentCapable、MessageSource、ApplicationEventPublisher 和 ResourcePatternResolver 等接口。

BeanFactory 和 ApplicationContext 都支持 BeanPostProcessor、BeanFactoryPostProcessor 的使用，但使用方式是有差别的。BeanFactory 是手动注册，而 ApplicationContext 是自动注册。也就是说，BeanFactory 要在代码里写出来才可以被容器识别，而 ApplicationContext 是直接配置在配置文件中即可。BeanPostProcessor 和 BeanFactoryPostProcessor 可以实现容器初始化的回调，也被称为容器的扩展点。

相比于 BeanFactory，ApplicationContext 提供了更多的功能，对于开发者来说，基本上使用 ApplicationContext 就可以了，BeanFactory 则主要是 Spring 框架本身在使用。如果是 Web 项目，则使用继承自 ApplicationContext 的 WebApplicationContext，原因是后者增加了对 Web 开发的相关支持，像 ServletContext. Servlet 作用域（request. session 和 application）等支持。

二、ApplicationContext 的初始化

作为 Bean 管理的容器接口,ApplicationContext 定义了初始化、配置和组装 Bean 的方法,并由继承接口的类实现。Spring 提供了多种 ApplicationContext 接口的实现方式,使用 XML 配置的实现类包括 ClassPathXmlApplicationContext 和 FileSystemXmlApplicationContext。两者的差别是配置文件读取位置的不同,从字面上就可以看出,ClassPathXmlApplicationContext 是从类的根路径开始获取 XML 的配置文件,FileSystemXmlApplicationContext 则默认从项目根路径查找配置文件。第一种方式更简洁,第二种方式较为灵活,除了从项目根路径开始定位外,还可以通过 File 协议来定位配置文件。

在 Spring 中,使用"classpath:"来表示类的根路径,如果加上 ∗ 号,也就是"classpath ∗:",则除了自身的类路径之外,同时也会查找依赖库(.jar)下的目录。

Spring 配置文件最简单的就是以 applicationContext.xml 来命名,在大型项目配置较多的时候,一般会拆分为多个文件并以相应的功能来命名。这里以在 Eclipse IDE 下开发为例,讲解项目路径位于 D:/dev-workspacel/ecpphoton/ssmi. ,配置文件名为 applicationContext.xml,对应不同配置文件的位置。容器的初始化方法如下:

(1)配置文件位于项目的类的根路径下。

//方式 1:使用类路径应用上下文初始化类,配置文件在类的根路径下

ApplicationContext context = new ClassPathXmlApplicationContext("applicationContext. xml");

//方式 2:使用文件路径应用上下文初始化类,配置文件在类的根路径下

ApplicationContext context = new FileSystemXmlApplicationContext ("classpath:application Context. xml");

（2）配置文件位于类的根路径的子目录下，比如位于 cn.osxm.ssmi.chp2 下，使用"/"作为路径分割符，如下所示。

//方式 1：使用类的路径应用上下文初始化类，配置文件在类的根路径的子路径下

ApplicationContext context = new ClassPathXmlApplicationContext("cn/osxm/ssmi/chp2/application Context. xml");

//方式 2：使用文件路径应用上下文初始化类，配置文件在类的根路径的子路径下

ApplicationContext context＝new FileSystemXmlApplicationContext("classpath:cn/osxm/ssmi/chp2/applicationContext. xml");

（3）配置文件位于项目的根路径下。

//使用文件路径应用上下文初始化类，配置文件在项目的根路径下

ApplicationContext context＝new FileSystemXmlApplicationContext("applicationContext. xml");

（4）配置文件在项目根路径的子目录下，例如在 config 目录下。

//使用文件路径应用上下文初始化类，配置文件在项目的根路径的子目录下

ApplicationContext context＝new FileSystemXmlApplicationContext("config/applicationContext. xml");

使用 File 协议访问方式如下：

//使用文件路径应用上下文的初始化类，使用 File 协议定位配置文件

ApplicationContext context＝new FileSystemXmlApplicationContext("file:///D:/devworkspace/ssmi/application Context. xml");

（5）动态加载 Bean。

GenericApplicationContext context＝new GenericApplicationContext();

new XmlBeanDefinitionReader（context）. loadBeanDefinitions("services.xml","daos. xml");

context. refresh();

需要注意，以上类的路径是指编译后的 . class 文件的目录，在 Web 项目中是 WEB-INF/classes 目录。如果是在 IDE 中开发，以 Eclipse 为例，可以通过右键属性，在 Java Build Path 中查看开发的类路径。需要

确保源文件目录包含配置文件并被复制到相应的类路径下,否则测试的时候会找不到配置文件。

在实际项目中,如果配置文件最终位于类路径下(在使用 Eclipse IDE 开发时,配置文件直接放在源目录下即可,IDE 会自动将其复制到编译后的类路径下),推荐使用 ClassPathXmlApplicationContext;如果配置文件和源文件分开,配置文件位于项目的其他路径,则考虑使用 FileSystemXmlApplicationContext。

第四节　Spring 高级技术

在对 Spring 的相关理论进行阐述的基础上,本节重点介绍了以下两种 Spring 高级技术。

一、Spring 持久层

在直接使用 JDBC 的程序里必须自行取得 Connection 与 Statement 对象、执行 SQL、捕捉异常、关闭相关资源,当使用 Spring 的 JdbcTemplate 时,两行代码即可完成,其封装了传统的 JDBC 程序执行流程,并做了异常处理与资源管理等动作,但需要的是给它一个 DataSource,而这只需要在 Bean 的配置文件中完成依赖注入。

<bean id="myDataSource" class=
" org. springframework. jdbc. datasource. DriverManagerDataSource " destroy-method="close">
    < property name = " driverClassName" value = " com. mysql. jdbc. Driver"/>
    < property name = " url" value = " jdbc: mysql://localhost: 3306/test"/>
    <property name="username" value="root"/>
    <property name="password" value="123"/>
</bean>

```xml
<bean id="myJdbcTemplate" class="org.springframework.
jdbc.core.JdbcTemplate">
    <property name="dataSource">
        <ref bean="myDataSource"/>
    </property>
</bean>
<bean id="useJdbcBean" class="com.bcpl.spring.UseJDBC-
Template">
    <property name="jdbcTemplate">
        <ref bean="myJdbcTemplate"/>
    </property>
</bean>
```

然后创建应用测试类，如下所示。

```java
import org.springframework.jdbc.core.JdbcTemplate;
public class UseJDBCTemplate {
    private JdbcTemplate jdbcTemplate;
    public void setJdbcTemplate(JdbcTemplate jdbcTemplate) {
        this.jdbcTemplate=jdbcTemplate;
    }
    public JdbcTemplate getJdbcTemplate() {
        return this.jdbcTemplate;
    }
    public void test(){
        List rows=jdbcTemplate.queryForList("SELECT * FROM
Student");
        Iterator it=rows.iterator();
        while(it.hasNext()) {
            Map userMap=(Map)it.next();
            System.out.print(userMap.get("name") + "\t");
            System.out.print(userMap.get("sex") + "\n");
        }
    }
}
```

Spring 的 JDBC 封装等功能基本上可以独立于 Spring 来使用，JdbcTemplate 所需要的就是一个 DataSource 对象，在不使用 Spring IoC 容器时，可以单独使用 spring-dao. jar 中的内容。

除了 JdbcTemplate 之外，Spring 还提供了其他的 Template 类，如对 Hibernate. JDO 和 iBatis 等的 Template 实现。另外，在事务处理方面，Spring 提供了编程式与声明式的事务处理功能，大大降低了持久层程序的复杂度，并提供了更好的维护。

(一)数据源的注入

就 Spring 持久层的封装，还是通过 XML 实现 DataSource 数据源的注入，如下所示。

1. 使用 DBCP 连接池的方式

需要加载 commons-pool-1. 2. jar 和 commons-collections. jar 包，其应用代码如下所示。

```
<beans>
    <bean id="dataSource" class="org. apache. commons. dbcp. BasicDataSource" destroy-method="close">
        <property name="driverClassName">
          <value>com. mysql. jdbc. Driver</value>
        </property>
        <property name="url">
          <value>jdbc:mysql://localhost:3306/testdb</value>
        </property>
        <property name="username">
          <value>root</value>
        </property>
        <property name="password">
          <value>123</value>
        </property>
    </bean>
```

```xml
<bean id="transactionManager" class="org.springframework.
jdbc.datasource.DataSourceTransactionManager">
      <property name="dataSource">
      <ref bean="dataSource"/>
      </property>
    </bean>
    <bean id="helloDAO" class="HelloDAO">
    <property name="dataSource">
      <ref bean="dataSource"/>
    </property>
    </bean>
    <!--声明式事务处理-->
    <bean id="helloDAOProxy" class="org.springframework.
transaction.interceptor.TransactionProxyFactoryBean">
      <property name="transactionManager">
      <ref bean="transactionManager"/>
      </property>
      <property name="target">
      <ref bean="helloDAO"/>
      </property>
      <property name="transactionAttributes">
      <props>
        <!--对 create()方法进行事务管理,PROPAGATION_
REQUIRED 表示如果没有事务就新建一个事务-->
        <prop key="create*">PROPAGATION_REQUIRED
</prop>
      </props>
      </property>
    </bean>
  </beans>
```

2. JNDI 方式

通过 Tomcat 提供的 JNDI 方式，使用页面的方式访问，具体如下所示。

```
<Resource
    name="jdbc/oracle"
    type="javax. sql. DataSource"
    driverClassName="oracle. jdbc. driver. OracleDriver"
    password="123"
    maxIdle="2"
    maxWait="-1"
    username="ascent"
    url="jdbc:oracle:thin:@ localhost:1521:orcl"
    maxActive="4"/>
</Resource>
<beans>
    <bean id="dataSource" class="org. springframework.
jndi.JndiObjectFactoryBean">
        <property name="jndiName">
            <value>java:comp/env/jdbc/oracle</value>
        </property>
    </bean>
    <bean id="transactionManager" class="org.springframe-
work.jdbc.datasource.DataSourceTransactionManager">
        <property name="dataSource">
            <ref bean="dataSource"/>
        </property>
    </bean>
    <bean id="helloDAO" class="HelloDAO">
        <property name="dataSource">
            <ref bean="dataSource"/>
        </property>
    </bean>
    <! --声明式事务处理-->
```

```
<bean id="helloDAOProxy" class="org.springframework.
transaction.interceptor.TransactionProxyFactoryBean">
    <property name="transactionManager">
      <ref bean="transactionManager"/>
    </property>
    <property name="target">
      <ref bean="helloDAO"/>
    </property>
    <property name="transactionAttributes">
      <props>
        <!--对 create()方法进行事务管理,PROPAGATION_
REQUIRED 表示如果没有事务就新建一个事务-->
        <prop key="create*">PROPAGATION_REQUIRED
</prop>
      </props>
    </property>
  </bean>
</beans>
```

(二)Spring 定时器

在 Spring 框架中,定时器有两种实现方式,它们分别是 Java 的 java.util.Timer 类和 OpenSymphony 的 Quartz。

1. 通过程序直接启动定时任务

下面通过 JSP 页面来启动下面的 run()方法,首先创建一个任务类, 具体代码如下所示。

```
public class MyTask extends TimerTask {
        public void run() {
            System.out.print("I am running");
        }
}
public class Main {
```

```
public static void main ( String [] args ) {
        Timer timer = new Timer ();
        timer. schedule ( new MyTask (),10000,1000 );
    }
}
```

然后在 JSP 页面中嵌入,嵌入代码形式如下所示。

```
<%
        Timer timer = new Timer ();
        Timer. schedule ( new MyTask (),10000,1000 );
%>
```

2. 通过 Web 监听定时任务

首先创建任务类 MyTask extends 和定时器类 BindLoader,代码如下所示。

```
public class MyTask extends TimerTask {
        public void run () {
            System. out. print ("I am running");
        }
}

public class BindLoader implements ServletContextListener {
        Timer timer = new Timer ();
        public void contextInitialized ( ServletContextEvent arg0 ) {
            timer. schedule ( new MyTask (),10000,1000 );
        }
        public void contextDestroyed ( ServletContextEvent arg0 ) {
            timer. cancel ();
        }
}
```

在 web. xml 中,添加监听,配置如下:

```
<listener>
        <listener-class>
            BindLoader
        </listener-class>
</listener>
```

二、Spring 事务处理

Spring 框架提供了一致的事务管理抽象,事务处理是由多个步骤组成的,这些步骤之间有一定的逻辑关系,作为一个整体的操作过程,所有的步骤必须同时成功或失败,如提交,当所有的操作步骤都被完整执行后,称为该事务被提交。回滚表示由于某个操作失败,导致所有的步骤都没被提交,则事务必须回滚,回到事务执行前的状态。

Spring 中的事务处理分为编程式事务处理和声明式事务处理两种方式。事务的属性值如表 8-2 所示。

表 8-2　事务的属性值

属性名	含义
PROPAGATION_REQUIRED	如果没有事务,就新建一个事务
PROPAGATION_SUPPORTS	支持当前事务,如果没有事务,就以非事务方式执行
PROPAGATION_MANDATORY	使用当前事务,如果没有事务,就抛出异常
PROPAGATION_REQUIRES_NEW	新建一个事务,如果当前事务存在,就把当前事务挂起
PROPAGATION_NOT_SUPPORTS	以非事务方式执行,如果当前事务存在,就把当前事务挂起
PROPAGATION_NEVER	以非事务方式执行,如果当前事务存在,就抛出异常

(一)Spring 编程式事务

下面介绍 Spring 中的第一种方式,使用"编程式事务管理",本例采用 Spring+MyBatis 框架整合开发实现。

建立 Spring8 - 1 编程式事务,工程基本结构图略。

(1)创建 BankDao. java 文件,具体内容如下。

```java
package com. iss. dao;
import com. iss. entity. Account;
public interface BankDao {
    public void update( Account account);
}
```

(2)创建 Account. java 文件,具体内容如下。

```java
public class Account {
    private int id;
    private int money;
    //省略 setter/getter
    public Account( int id,int money) {
        super();
        this. id＝id;
        this. money＝money;
    }
    public Account (){
        super();
    }
}
```

(3)创建 IBankService. java 文件,具体内容如下。

```java
public interface IBankService {
    public void transferMoney( int sourceId,int desId,int money);
}
```

(4)创建 BankServiceImpl. java 文件,具体内容如下。

```java
@ Service
public class BankServiceImpl implements IBankService{
    @ Autowired
    private BankDao bankDao;
    private TransactionTemplate transactionTemplate;
    public void setBankDao( BankDao bankDao) {
        this. bankDao＝bankDao;
```

```
        }
        public void setTransactionTemplate (TransactionTemplate trans-
actionTemplate) {
            this. transactionTemplate＝transactionTemplate;
        }
    public void transferMoney (final int countA,final int countB,final
int money){
            transactionTemplate. execute (new TransactionCallback With-
outResult (){
            @ Override
            protected void doInTransactionWithoutResult (Transaction-
Status status) {
                Account accountA＝new Account (countA,money);
                Account accountB＝new Account (countB,money);
                bankDao. updateOut (accountA);
                //System. out. println (1/0);
                bankDao. updateIn (accountB);
            }
        }
    }
}
```

(5)创建 T. java 文件,具体内容如下。

```
public class T {
    public static void main (String[] args) {
    ApplicationContext context＝new
    ClassPathXmlApplicationContext ("classpath:beans. xml");
    IBankService bankService＝(IBankService) context. getBean
("bankService");
        bankService. transferMoney (1,2,200);
    }
}
```

（6）创建数据库 db_bank 及 t_account 表。

（7）运行测试结果，刷新数据库，观察数据库变化。

（8）打开 System. out. println（1/0）;注释，再次运行，观察数据库
变化。

（二）Spring 声明式事务

声明式事务处理在理念上与非侵入性的轻量级容器的观念是一致
的，即最少影响应用代码，如果在应用中存在大量事务操作，那么声明式
事务管理通常为首选，它将事务管理与业务逻辑分离，而且在 Spring 中
配置也不难。

复制 Spring8 - 1 编程式事务，重命名为 Spring8 - 2 声明式事务。

（1）修改 BankServiceImpl. java 文件，具体内容如下。

```
package com. iss. service. impl;
@ Service
public class BankServiceImpl implements IBankService {
    @ Autowired
    private BankDao bankDao;
    public void setBankDao（BankDao bankDao）{
        this. bankDao＝bankDao;
    }
    public void transferMoney（int countA,int countB,int money）{
        Account accountA＝new Account（countA,money）;
        Account accountB＝new Account（countB,money）;
        bankDao. updateOut（accountA）;
        //System. out. println（1/0）;
        bankDao. updateIn（accountB）;
    }
}
```

（2）修改 beans. xml 文件，具体内容如下。

```
//命名空间略
    ＜context:component-scan base-package＝"com. iss"/＞
    ＜bean id＝"dataSource" class＝"org. apache. commons. dbcp.
```

BasicDataSource"

   destroy-method="close">

   <property name="driverClassName" value="com.mysql. jdbc. Driver"/>

   <property name="url" value="jdbc:mysql://localhost: 3306/db-bank"/>

   <property name="username" value="root"/>

   <property name="password" value="root"/>

  </bean>

  <!--配置 mybatis 的 sqlSessionFactory-->

  <bean id="sqlSessionFactory" class="org.mybatis.Spring. SqlSessionFactoryBean">

   <property name="dataSource" ref="dataSource"/>

   <!--自动扫描 mappers. xml 文件-->

   <property name="mapperLocations" value="classpath: mappers/ * . xml"></property>

  </bean>

 <!--DAO 接口所在包名,Spring 会自动查找其下的类-->

<bean class="org.mybatis. spring. mapper. MapperScannerConfi- gurer">

  <property name="basePackage" value="com. iss. dao"/>

  <property name="sqlSessionFactoryBeanName" value="sql- SessionFactory"></property>

 </bean>

 <!--jdbc 事务管理器-->

 <bean id="transactionManager"

  class="org. springframework. jdbc. datasource. DataSourceTransaction- Manager">

  <property name="dataSource" ref="dataSource"></property>

 </bean>

 <bean id="namedParameterJdbcTemplate"

  class="org. springframework. jdbc. core. namedparam. NamedPa- rameterJdbcTemplate">

```
        <constructor-arg ref="dataSource"></constructor-arg>
    </bean>
    <bean id="bankService" class="com.iss.service.impl.BankSer-
viceImpl">
    </bean>
    <!--配置事务通知-->
    <tx:advice id="txAdvice" transaction-manager="transaction-
Manager">
        <tx:attributes>
            <tx:method name="*"/>
        </tx:attributes>
    </tx:advice>
    <!--配置事务切面-->
    <aop:config>
        <aop:pointcut id="serviceMethod" expression="execution
(* com.java.ingo.service.*.*(..))"/>
        <!--配置事务通知-->
        <aop:advisor advice-ref="txAdvice" pointcut-ref="service-
Method"/>
    </aop:config>
```

(3)修改 BankServiceImpl.java 文件,具体内容如下。

```
package com.iss.service.impl;
@Transactional
public class BankServiceimpl implements IBankService {
    @Autowired
    private BankDao bankDao;
    public void setBankDao(BankDao bankDao) {
        this.bankDao=bankDao;
    }
    public void transferMoney(int countA,int countB,int money) {
        Account accountA=new Account(countA,money);
        Account accountB=new Account(countB,money);
        bankDao.updateOut(accountA);
```

```
        //System. out. println ( 1/0 ) ;
        bankDao. updateIn ( accountB ) ;
    }
}
```

(4)测试方法：运行 main ()方法，然后刷新数据库，观察数据库变化。

(5)打开 System. out. println (1/0);注解，再次运行，观察数据库变化。

第九章 Spring Boot 介绍

前面已经详细地介绍了 Spring,大家对 Spring 已经有了一定的了解,那么 Spring Boot 和 Spring 之间存在什么联系呢?

Spring 的核心理念是让研发者专注于业务的逻辑,而不过分考虑框架的治理,基于此思想,Spring 确实做出了很多改进,例如使用 XML 配置和后期的使用注解进行配置。但是即便如此,Spring 还是没有逃脱大量的配置工作,例如引入外部工程依赖时的配置等;在工程中管理大量的工程依赖时,各个依赖版本间的兼容性和配置属性烦琐等问题变得更为明显。这些问题与 Spring 的初衷相悖,所以 Spring Boot 的出现是 Spring 继续贯彻初衷的升级版。因此,可以把 Spring Boot 理解为简化并且丰富了的 Spring。

Spring Boot 的使用会让编程更加简单,其更加专注于业务。如果对比 Spring MVC 的配置,就会发现 Spring Boot 的改进到底有多大。这些改进基于 Spring Boot 的自动配置和起步依赖。

第一节 Spring Boot 概述

Spring Boot 是由 Pivotal 团队提供的全新框架,业界称之为"微框架",可用于快速开发扩展性强、微而小的项目。毋庸置疑,Spring Boot 的诞生给传统的企业级项目与系统架构带来了全面改进以及升级的可能。从本节开始,我们将一起认识 Spring Boot,包括其相关概念、优势以及特性。

一、Spring Boot 简介

SpringBoot 是 Spring 家族中的一员,其设计的目的是简化 Spring 应用烦琐的搭建以及开发过程,它只需要使用极少的配置,就可以快速得到一个正常运行的应用程序,开发人员从此不再需要定义样板化的配置。

而实际上,Spring Boot 并不能称为"新的框架",它只是默认配置了很多常用框架的使用方式(称为"起步依赖"),就像一个 Maven 项目的 pom.xml 整合了所有的 JAR 包一样,SpringBoot 整合了常用的、大部分的框架(包括它们的使用方式以及常用配置)。

可以说,Spring Boot 的诞生给企业"快速"开发微而小的项目提供了可能,同时也给传统系统架构的改进以及升级改造带来了诸多方便。而随着近几年互联网经济的快速发展,微服务和分布式系统架构的流行,Spring Boot 的到来使得 Java 项目的开发变得更为简单、方便和快速,极大地提高了开发和部署效率,同时也给企业带来了诸多收益。

二、Spring Boot 的优势

Spring Boot 作为开发人员偏爱的微框架,着实给程序员的开发带来了诸多福利,特别是在改进传统 Spring 应用的烦琐搭建以及开发上做出了巨大的贡献。概括地讲,Spring Boot 给开发人员带来的优势主要有以下几点。

(1)从搭建的角度看,Spring Boot 可以帮助开发人员快速搭建企业级应用,借助开发工具如 Intellij IDEA,几乎只需要几个步骤就能简单构建一个项目。

(2)从整合第三方框架的角度看,传统的 Spring 应用如果需要整合第三方框架,需要加入大量的 XML 配置文件,并配置很多晦涩难懂的参数;而对于 Spring Boot 而言,只需要加入 Spring Boot 内置的针对第三方框架的"起步依赖",即内置的 JAR 包即可,而不再需要编写大量的样板代码、注释和 XML 配置。

(3)从项目运行的角度看,Spring Boot 由于内嵌了 Servlet 容器(如

Tomcat），其搭建的项目可以直接打成 JAR 包，并在安装有 Java 运行环境的机器上采用 java-jar xxx.jar 的命令直接运行，省去了额外安装以及配置 Servlet 容器的步骤，非常方便。而且，Spring Boot 还能对运行中的应用进行状态的监控。

（4）由于 Spring Boot 是 Spring 家族的一员，所以对于 Spring Boot 应用而言，其与 Spring 生态系统如 Spring ORM、Spring JDBC、Spring Data、Spring Security 等的集成非常方便、容易；再加上 Spring Boot 的设计者崇尚"习惯大于配置"的理念，使得 Spring Boot 应用集成主流框架以及 Spring 生态系统时极为方便、快速，开发人员可以更加专注于应用本身的业务逻辑。

总体来说，Spring Boot 的出现使得项目从此不再需要诸多烦琐的 XML 配置和重复性的样板代码，而且其可以整合第三方框架，使集成 Spring 生态系统变得更加简单与方便，大大提高了开发效率。

三、Spring Boot 的几大核心特性

Spring Boot 的诞生给传统的企业级 Spring 应用带来了许多收益，特别是为应用的扩展以及系统架构的升级改造带来了强有力的帮助。概括地讲，Spring Boot 在目前应用系统开发中提供了以下四个好处。

（1）使编码更加简单。

（2）简化了配置。

（3）使部署更加便捷。

（4）使应用监控变得更加简单和方便。

而 Spring Boot 带来的这些好处主要还是源于其"天生"具有的特性，总体来说，其具有以下几点特性：

（1）Spring Boot 遵循"习惯优于配置"的理念，使用 Spring Boot 开发项目时，只需要使用很少的配置，大多数使用默认配置即可。

（2）Spring Boot 可以帮助开发人员快速地搭建应用，并自动地整合主流框架和大部分的第三方框架，即"自动装配"。

（3）应用可以不需要使用 XML 配置，而只需要自动配置和采用 Java-Config 配置相关组件。

（4）Spring Boot 内置了监控组件 Actuator，只需要引入相应的起步

依赖，就可以基于 HTTP、SSH、Telnet 等方式对运行中的应用进行监控。

随着 Pivotal 团队对 Spring Boot 的不断升级、优化，目前其版本也由 1.x 版本升级到了 2.x 版本，其所拥有的特性以及优势也在不断增加。但是不论怎样优化、升级，Spring Boot 的上述几个特性都会一直保留着，因为这对于开发人员以及企业应用级系统而言都是强有力的帮助，而这些特性在后续搭建微服务 Spring Boot 项目时将一点点地体现出来。

四、Spring Boot 的设计理念和目标

Spring 所拥有的强大功能之一就是可以集成各种开源软件。但随着互联网的高速发展，各种框架层出不穷，这就对系统架构的灵活性、扩展性、可伸缩性、可用性都提出了新的要求。随着项目的发展，Spring 慢慢地集成了更多的开源软件，引入大量配置文件，这会导致程序出错率高、运行效率低等问题。为了解决这些状况，Spring Boot 应运而生。

Spring Boot 本身并不提供 Spring 的核心功能，而是作为 Spring 的脚手架框架，达到快速构建项目、预置三方配置、开箱即用的目的。

(一)设计理念

约定优于配置(convention over configuration)，又称为按约定编程，其是一种软件设计范式，旨在减少软件开发人员需要做决定的数量，其执行起来简单而又不失灵活。Spring Boot 的核心设计完美遵从了此范式。

Spring Boot 的功能从细节到整体都是基于"约定优于配置"开发的，从基础框架的搭建、配置文件、中间件的集成、内置容器到其生态中各种 Starter，无不遵从此设计范式。Starter 是 Spring Boot 的核心功能之一，其基于自动配置代码提供了自动配置模块及依赖，让软件集成变得简单、易用。与此同时，Spring Boot 也在鼓励各方软件组织创建自己的 Starter。

(二)设计目标

说到 Spring Boot 的设计目标,值得一提的是 Spring Boot 的研发团队——Pivotal 公司。Pivotal 公司的企业目标是致力于改变世界构造软件的方式。Pivotal 公司向企业客户提供云原生应用开发 PaaS 平台及服务,采用敏捷软件开发方法帮助企业级客户开发软件,从而提高软件开发人员工作效率、减少软件运维成本,实现企业数字化转型、IT 创新,帮助企业级客户最终实现业务创新。

Spring Boot 不是为已解决的问题提供新的解决方案,而是为平台和开发人员带来一种全新的体验:整合成熟技术框架/屏蔽系统复杂性、简化已有技术的使用,从而降低软件的使用门槛,提升软件开发和运维的效率。

第二节　Spring Boot 整体架构

本节从架构层面阐述 Spring Boot 的不同模块之间的依赖关系,如图 9-1 所示。

图 9-1 中为了更清晰地表达 Spring Boot 各项目之间的关系,基于依赖的传递性,省略了部分依赖关系。比如,Spring Boot Starter 不仅依赖 Spring Boot Autoconfigure 项目,还依赖 Spring Boot 和 Spring,而 Spring Boot Autoconfigure 项目又依赖 Spring Boot,Spring Boot 又依赖 Spring 相关项目。因此在图中就省略了 Spring Boot Starter 和底层依赖的关联。

Spring Boot Parent 是 Spring Boot 及图中依赖 Spring Boot 项目的 parent 项目,同样为了结构清晰,图中不显示相关关联。

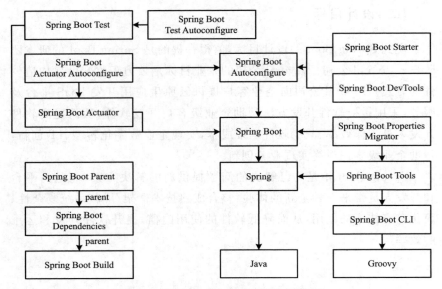

图 9 - 1 Spring Boot 源代码架构图

从图 9 - 1 可以清晰地看到 Spring Boot 几乎完全基于 Spring,同时提供了 Spring Boot 和 Spring Boot Autoconfigure 两个核心的模块,而其他相关功能又都是基于这两个核心模块展开的。

第三节 Spring Boot 原理初步分析

在前面对 Spring Boot 的基本理论和整体架构进行阐述的基础上,本节进一步探讨 Spring Boot 的相关原理。

一、Spring Boot 起步依赖

起步依赖是 Spring Boot 的一大核心特性。起步依赖表示包含了其他依赖 JAR 的依赖,只要加入该起步依赖,即意味着其相关的依赖 JAR 也将一并加入项目中,而不需要再加入其他项目中。它起到的最大作用

在于可以减少大量依赖 JAR 堆积式的引入，同时还可以解决项目中相关依赖 JAR 版本的冲突问题。

而这一特性的生效是从 pom. xml 继承 spring－boot－starter－parent 依赖开始的，可以在 Intellij IDEA 中点击进入并查看该依赖的源码，会发现它引入了 Spring Boot Dependencies 依赖。

Spring Boot Dependencies 是起步依赖的"源头"，点击进入并查看该依赖的源码，会发现它其实涵盖了在日常项目开发中常见的 JAR 依赖。

起步依赖 Spring Boot Dependencies 解决了传统 SSM/SSH 项目中可能存在的依赖 JAR 版本的冲突问题，即它可以实现真正地管理 Spring Boot 应用里面所有依赖的版本。

值得一提的是，项目在继承 spring－boot－starter－parent 的同时，还需要引入相应的起步依赖 spring－boot－starter－web，可以说它是 Web 相关依赖的合集，仅使用这一个起步依赖就完成了所有 Web 依赖包的引入。下面代码所示为该起步依赖所包含的其他依赖，其作用在于为项目导入 Web 模块正常运行所依赖的组件，而这些依赖的版本则由父模块进行管理。

```xml
<dependencics>
    <dependency>
        <groupId>org. springframework. boot</groupId>
        <artifactId>spring-boot-starter</artifactId>
    </dependency>
    <dependency>
        <groupId>org. springframework. boot</groupId>
        <artifactId>spring-boot-starter-tomcat</artifactId>
    </dependency>
    <dependency>
        <groupId>org. hibernate</groupId>
        <artifactId>hibernate-validator</artifactId>
    </dependency>
    <dependency>
        <groupId>com. fasterxml. jackson. core</groupId>
        <artifactId>jackson-databind</artifactId>
    </dependency>
```

```
<dependency>
    <groupId>org. springframework</groupId>
    <artifactId>spring-web</artifactId>
</dependency>
<dependency>
    <groupId>org. springframework</groupId>
    <artifactId>spring-webmvc</artifactId>
</dependency>
</dependencies>
```

总体来说,Spring Boot 的起步依赖可以帮助管理各个依赖 JAR 的版本,使各个依赖 JAR 不会出现版本冲突;另外,它还打包了各个依赖 JAR,让开发者不用再像 SSM/SSH 项目那样自己导入一大堆的依赖 JAR,即只需要引入起步依赖的坐标就可以进行 Web 开发。

二、配置

Spring Boot 的配置能力非常灵活,在什么都不写的情况下,它会自动检测工程内的依赖引用情况,然后完成默认值的配置工作。也可以编写 application. xml 文件完成自定义属性值的配置。根据 Spring Boot 的配置优先级原则,可以用高优先级的配置覆盖低优先级的配置,例如用启动命令覆盖自定义配置,还可以编写不同环境的配置文件,通过 Spring Boot 的多环境配置选择不同的环境启动服务。

(一)自动配置

使用 Spring Boot 时,开发人员只需引入对应的 Starters,其启动时便会自动加载相关依赖,配置相应的初始化参数,以最快捷、简单的形式对第三方软件进行集成,这便是 Spring Boot 的自动配置功能。自动配置可以实现自动地将项目中使用了 Spring 特定注解的类/接口等服务装配进 Spring 的 IOC 容器中成为项目的 Bean 组件。下面对其进行重点介绍。

在以 Spring Boot 为基础搭建的项目中,总会存在一个启动入口类,如单模块和多模块中的 MainApplication。仔细观察该类的源码会发现它有一个很显眼的注解,即@ SpringBootApplication,点击查看该注解的源码,会发现它是一个组合注解,主要由三大注解构成,即@ Spring-BootConfiguration、@ ComponentScan、@ EnableAutoConfiguration。

接下来介绍这三大注解所起的作用:

(1)@ SpringBootConfiguration 所起的作用等同于注解@ Configuration 的作用,即将所注解的类标注为 Spring IOC 容器中的配置类。

(2)@ ComponentScan 主要用于扫描特定的包目录,将那些加了 Spring 相关注解的类加入 Spring IOC 容器中成为 Bean 组件。在前面搭建的单模块与多模块中,由于没有指定待扫描的包目录,因此它默认扫描的是与 MainApplication 同级的类或者同级包下的所有类,即单模块项目的包目录为 com.example.demo,而多模块项目的包目录为 com.debug.boot.server。

(3)自动装配所涉及的核心注解为@ EnableAutoConfiguration,该注解由组合注解@ SpringBootApplication 引入,完成自动配置开启,扫描各个 JAR 包下的 spring.factories 文件,并加载文件中注册的 Auto-Configuration 类等。它的作用在于开启自动配置的功能,点击进入查看源码会发现它也是一个组合注解,它之所以可以起到自动装配的功效,主要得益于两大注解:@ AutoConfigurationPackage、@ Import(AutoConfigurationImportSelector. class)。

①@ AutoConfigurationPackage 主要通过 Registrar 类的 register () 方法扫描主配置类所在的包及其子包下的组件,并将其注册到 Spring IOC 容器中,成为相应的 Bean 组件。

②@ Import(AutoConfigurationImportSelector. class)主要通过一个导入选择器组件 AutoConfigurationImportSelector,借助 Spring 原有的 SpringFactoriesLoader 的支持,加载 META-INF/spring.factories 配置文件并获取组件的全类名,然后通过反射实例化为对应的标注@ Configuration 的 JavaConfig 形式,最终转化为符合@ Conditional 要求的 IoC 容器配置类,同时还有一些必需的 Properties 类和注解在方法上的 Bean 类。

某项目启动的流程为：

(1)工程分配进程，并且开始启动。

(2)为起步依赖中的 Tomcat 配置端口号。

(3)启动 Servlet 引擎。

(4)配置 Servlet 的前端控制器 dispatcherServlet。

(5)进行接口和方法的映射。

(6)通报 Tomcat 容器启动完成。

(7)整个工程启动完成，统计总体耗时。

以上仅用自动配置就完成了一个非常基础的 Web 服务器的启动流程。Spring Boot 的自动配置项非常多，只要把起步依赖加入工程，就会执行自动配置。如果对自动配置的原理感到好奇，可以先注释掉 Spring-BootBasicApplication 类中的@ SpringBootApplication 注解，再启动工程观察具体的变化。

(二)设置配置值

在 application. properties 文件中，可以设置服务器启动的端口号，只要在文件中添加 server. port＝18080，然后启动服务器就可以在控制台看到 Tomcat 的端口号改为了 18080(Tomcat started on port (s)：18080 (http))。这种配置的格式很常见，但是本节介绍另一种配置格式 YAML，此种格式在层次划分上更加清晰。

YAML 语言是专门用来书写配置文件的语言，它的格式简洁，并且配置块能够明显区分开来，同一类配置放到一起便于阅读并且非常美观。下面简单演示 YAML 的配置方式，以后的大部分实例配置都采用此种格式。

在 resources 目录下，删除 application. properties 文件，创建 application. yaml 文件，在文件中添加如下内容。

```
server:
    port:18088
    tomcat:
        max-threads:64
        min-spare-threads:16
```

这时启动服务器，端口变为了 18088，可见配置生效。

YAML 语言的格式,简单概括起来就是对键值赋值,用缩进表示所属层级。这样理解起来就会非常容易。

Spring Boot 服务的配置项非常多,所以只能先熟悉一些常用的配置项,而其他配置项要在实际项目中进行摸索和理解。

(三)配置优先级

配置项只能写在同一个地方吗? 答案当然是否定的。Spring Boot 允许在多处进行配置,并且配置之间可以根据优先级进行覆盖。下面演示一种命令行启动服务的配置方式。

执行"鼠标右键单击工程→Run As→Run Cofigurations…"进入配置页面,设置 Arguments 中的 Program arguments 的内容为 server.port=18089。

点击下方的 Run,启动的工程端口为:Tomcat started on port(s):18089(http)。可见在 XML 文件中的设置被新设置所覆盖。Spring Boot 的属性源有很多,优先级由高到低分别是:命令行参数、java:comp/env 里的 JNDI 属性、JVM 系统属性、操作系统环境变量、随机生成的带 random. * 前缀的属性、应用程序外的配置文件(application. xml)、应用程序内的配置文件、默认属性。

一般来讲,需要开发人员编写的是配置文件里的属性,而系统和环境里的属性会对程序造成影响。命令行属性的作用一般是临时配置或者做配置选择。

(四)多环境配置

在开发过程中,一般会面临最少两个环境,一个是开发和测试的环境,称为功能环境;另一个是实际业务运行的环境,称为生产环境。在这两个环境中,服务器所使用的端口、所连接的数据库地址可能是不同的,这就需要有两套配置应用于两种环境。使用 Spring Boot 可以方便地进行多环境的部署工作。这里介绍两种多环境配置方法。

1. 同一文件不同 profile

把不同的环境配置写入同一个文件,然后通过启动命令选择不同的环境进行启动。Application. yaml 文件修改如下:

```
server:
    port:18088
    tomcat:
        max-threads:64
        min-spare-threads:16
---
spring:
    profiles:dev
server:
    port:18001
---
spring:
    profiles:prod
server:
    port:18002
```

在这里,不同的环境用"---"隔开,针对每一个环境用 profile 设置环境名称,一些通用的配置可以放在默认环境中。在启动工程时,选择不同的环境即可。如果选择的环境中缺少某些默认环境已经配置的配置项,则使用默认环境的配置;如果选择的环境中包含默认环境的配置项,则覆盖默认环境。进入启动配置页,在 profile 中填入环境名称。这样,通过选择不同的 profile,即可根据不同的环境配置启动工程。

2. 不同文件环境配置

通过创建不同文件名的文件,达到多环境配置的目的。在 Resource 文件夹中创建两个文件,分别为 application-dev. yaml 和 application-prod. yaml,在文件中设置自己的属性值,启动时也可以通过 profile 选择不同的环境进行启动。profile 名称为 application-后面至扩展名之前的名字。文件的 profile 就是 dev 和 prod。

(五)自定义类的注入

前面已经讲述了 Spring Boot 自带组件的配置方法,那么如果想自定义一个类,并且希望通过 Spring Boot 管理,应该怎么编写呢?

(1)首先引入 pom 依赖:

```
<dependency>
    <groupId>org. springframework. boot</groupId>
    <artifactId>spring-boot-configuration-processor</artifactId>
    <optional>true</optional>
</dependency>
```

(2)编写自定义的类,这里使用一个抽象基类和两个派生类:

```
public abstract class IocAnimal {
    private int weight;
    private String desc;
    public int getWeight () {
        return weight;
    }
    public void setWeight ( int weight ) {
        this. weight = weight;
    }
    public String getDesc () {
        return desc;
    }
    public void setDesc ( String desc ) {
        this. desc = desc;
    }
}
@ Component
@ ConfigurationProperties ( prefix = "iocfish" )
public class IocFish extends IocAnimal{
}
@ Component
@ ConfigurationProperties ( prefix = "ioctiger" )
public class IocTiger extends IocAnimal{
}
```

（3）编写 XML 配置文件：

```
ioctiger:
    weight:500
    desc:i am tiger
iocfish:
    weight:500
    desc:i am fish
```

（4）在 Controller 类中注入：

```
@ RestController
@ RequestMapping("/SpringBoot")
public class BasicController {
    @ Autowired
    private IocAnimal iocFish;
    @ Autowired
    @ Qualifier("iocTiger")
    private IocAnimal iocAnimal;
    @ RequestMapping ( value = "/tiger", method = RequestMethod.
GET)
    public IocAnimal getTiger() {
        return iocAnimal;
    }
    @ RequestMapping ( value = "/fish", method = RequestMcthod.
GET)
    public IocAnimal getFish() {
        return iocFish;
    }
}
```

第四节　Spring Boot 核心技术

前面主要阐述了 Spring Boot 的基本概念、整体架构和基本配置，在此基础上，本节主要介绍 Spring Boot 在实际项目中的应用及其对应的核心技术。

一、Spring Boot 核心技术之文件的上传与下载

在实际项目开发中,上传和下载可以说是很常见的文件操作,比如常见的个人中心模块用户上传自己的头像、企业办公 OA 系统中发送邮件时所上传的附件、财务会计系统中收款模块需要上传的收款单据等,而这里所说的"头像""附件""收款单据"等可以统称为"文件",而上传和下载文件的过程,其实就是对文件进行读和写的过程。

(一)Lombok 简介与实战

在采用 Java IO 和 Java NIO 实现文件的上传和下载之前,有必要先来学习一个小插件 Lombok 的使用。这个插件目前在 Spring Boot 应用系统中总能见到,它的作用主要是解决项目中实体 Bean 存在的针对字段创建的 getter ()、setter ()、toString ()、hashCode ()、equals ()以及构造器等方法,它提供的一些注解可以简化实体 Bean 中存在的这些方法,省去每个实体 Bean 在定义时需要显式创建这些方法的步骤。

在使用 Lombok 之后,将由它来帮助开发者实现上述方法代码的自动生成,换句话说,Lombok 的使用将极大减少项目的代码总量。Lombok 为实体 Bean 生成的上述方法是在"运行期"进行的,而这一点可以通过对实体 Bean 编译后生成的 .class 文件进行反编译验证得出。接下来介绍 Lombok 插件在实际项目开发中常见的注解及常见的用法。

在使用 Lombok 之前,开发者需要在项目中加入 Lombok 的 JAR 依赖,并在 IDEA 开发工具中安装相应的插件。

首先需要在项目的 pom. xml 中加入 Lombok 的依赖 JAR,如下所示:

```
<! --lombok 依赖-->
<dependency>
    <groupId>org. projectlombok</groupId>
    <artifactId>lombok</artifactId>
    <version> $( lombok. version )</version>
</dependency>
```

接下来,需要在开发工具 IDEA 中安装 Lombok 插件(对于其他开发工具,读者可以自行搜索相关资料进行安装)。在 IDEA 开发工具中

安装 Lombok 的步骤如下：首先找到菜单栏 File settings 选项，并在其中搜索并找到 Plugins 选项，点击 Browse repositories 按钮，搜索找到 Lombok 插件，并点击 Install 按钮进行安装即可，安装完成后点击 Restart 按钮重启 IDEA。重启完成后即意味着前奏已经准备完毕，接下来进行 Lombok 的实战。仍然以前文中基于 Spring Boot 搭建的多模块项目为例。

（1）在项目的 Server 模块新建一个 Lombok 包，并在其中创建一个实体类 HouseDto，表示一个"房子"类，该类有 3 个字段，即房子编号 id、所在小区 area、房屋类型 type，并为其生成相应的方法，即 getter ()、setter ()、toString ()、equals ()、hashCode ()、包含所有字段的构造器以及空构造器等方法，其源码如下所示：

```
public class HouseDto implements Serializable {
        private Integer id;
        private String area;
        private String type;
        //此处省略大量的方法：getter ()、setter ()、toString ()、equals ()、
hashCode ()、所有字段的构造器
        //空构造器
    }
```

在上述源码中，笔者已将实体 Bean 存在的 getter ()、setter ()等方法省略了，这些方法可以称为模板式代码。随着项目业务复杂度的提升，在项目里必将需要创建大量的实体类，如果每个实体类都需要显式地创建这些模板式代码，那么无疑是相当烦琐且无趣的。而 Lombok 的出现正是为了消除这些痛点，如下代码所示为基于 Lombok 改造后的实体类 HouseDto 的源码：

```
@ Getter
@ Setter
@ ToString
@ AllArgsConstructor
@ NoArgsConstructor
@ EqualsAndHashCode
public class HouseDto implements Serializable {
        private Integer id;
```

```
    private String area;
    private String type;
}
```

从该源码中可以看出,那些模板式代码不见了,取而代之的是
Lombok 提供的一系列注解,下面介绍注解的含义。

@ Setter、@ Getter:自动生成字段的 setter()、getter()方法。

@ ToString:自动生成字段的 toString()方法。

@ NoArgsConstructor/@ RequiredArgsConstructor/@ AllArgs-
Constructor:自动生成构造方法。

@ EqualsAndHashCode:自动生成字段的 hashCode()和 equals()
方法。

除此之外,Lombok 还提供了其他的注解,用以解决其他方面的问
题。下面罗列了一些 Lombok 其他核心的注解:

@ CleanUp:自动管理资源,不用在 finally 代码块中添加资源的
close()方法。

@ Data:自动生成字段的 setter()、getter()、toString()、equals()和
hashCode()方法,可以说是一个组合注解,即包含@ Setter、@ Getter、@
ToString 以及@ EqualsAndHashCode 注解,因此,这个注解在实际项
目开发时最为常见。

@ Value:用于注解当前类是一个 final 类。

(2)采用 Lombok 的@ Data 注解改造上述的 HouseDto 类,让其代
码更加简洁。如下所示:

```
@ Data
@ NoArgsConstructor
@ AllArgsConstructor
public class HouseDto implements Serializable {
    private Integer id;
    private String area;
    private String type;
}
```

(3)在单元测试类 MainTest 中编写相应的测试方法,检验实体类中相应的注解是否起到了作用。如下代码所示:

```
@ Test
public void testH() {
    //空构造器
    HouseDto dtoA＝new HouseDto();
    //setter()方法
    dtoA. setId(1);
    dtoA. setArea("12");
    dtoA. setType("三房两厅");
    log. info("获取字段的取值:{},{},{}",dtoA. getId(),dtoA. getArea(),
dtoA. getType());
    log. info("实体类的 toString:{}",dtoA);
    //含所有字段的构造器
    HouseDto dtoB＝new HouseDto(1,"34","两房一厅");
    log. info("实体类的 toString:{}",dtoB);
}
```

在编写上述代码期间,如果没有出现相应的"红线",即意味着编译期间没有相应的语法错误。点击运行该单元测试方法,稍等片刻即可在控制台看到相应的输出结果。

至此已经完成了 Lombok 插件在实际项目中的应用及其代码编写。在实际项目开发中,经常使用的 Lombok 注解是@ Data。采用 Lombok 相关的注解取代实体 Bean 中存在的那些模板式代码,可以让代码更加简洁。

(二)文件上传与下载开发流程

接下来,重点介绍一下实际项目开发中,上传与下载文件的开发流程。下载文件的流程是类似的,这里就不再给出。

(1)用户在前端浏览器某个页面点击上传文件按钮,此时页面将弹出一个文件选择对话框,用户选择某张图片或者某个文档之后点击确定按钮,即开始触发上传文件的请求。

(2)前端浏览器会将选择后得到的图片或文档对应的文件流以及其他参数取值以表单的形式提交至后端接口,后端控制器(controller)相

应的接口在接收到相应的参数后便开始解析源文件流。

（3）在解析源文件流的过程中，后端接口会获取源文件的文件名、文件后缀名，并以此创建新的文件以及新文件即将存储的目录。

（4）借助文件流对象 MultipartFile 的 API，即 transferTo()方法将源文件流写进新的文件中，成功后便将文件的存储目录或者访问路径返回给前端浏览器，至此，上传文件这一整个开发流程便完成了。

而对于文件下载的开发流程，在这里就不做详细介绍了，因为它是文件上传的逆过程，简而言之，主要是通过给定的路径找到该文件，读取该文件对应的二进制流，并转化为浏览器可以识别的文件格式进行下载。

二、Spring Boot 核心技术之发送邮件与定时任务

发送邮件与定时任务这两项核心技术在实际的 Java 项目开发中是很常见的。它们在实际应用中具有许多典型的应用场景，比如定时批量获取数据并将其同步至其他数据库，用户商城下单成功后发送短信、邮件通知客户，系统运行负载过高、超过指定阈值时发送邮件给管理员，等等，都是现实中常见的案例。

（一）基于 Spring Boot 整合与配置起步依赖

在 Spring Boot 出现以前，开发者如果需要在项目中实现发送邮件的功能，一般需在项目中引入 JavaMail 框架，并利用 JavaMailSender 这一核心组件的相关 API 实现发送邮件功能。

在引入 JavaMail 框架的同时，项目还需要引入其他辅助的依赖 JAR，这在某些情况下很容易出现依赖 JAR 版本的冲突等问题。因此，在 Spring Boot 出现之后，只需要在项目中引入 JavaMail 的起步依赖即可，即 spring-boot-starter-mail。

下面将基于前面章节利用 Spring Boot 搭建的多模块项目，整合加入发送邮件相关的依赖 JAR 以及配置信息。其完整的依赖 JAR 信息如下所示：

```
<! --email-->
<dependency>
```

```
        <groupId>org. springframework. boot</groupId>
        <artifactId>spring-boot-starter-mail</artifactId>
        <version>1. 5. 7. RELEASE</version>
</dependency>
```

需要注意的是,这里引入的起步依赖版本号为 1. 5. 7. RELEASE, 而不是 2. x 版本,这是因为 2. x 版本的依赖 JAR 在实际使用时会出现各种难以预料的问题,而这些问题至今官方还没给出完备的解释。因此,建议读者在 Spring Boot 项目中实现发送邮件功能时应引入上述的版本,防止出现一些非语法性、非业务性的问题。

紧接着,需要在项目的全局默认配置文件 application. properties 中加入发送邮件相关的配置项,主要包括邮件服务器、端口、账号以及授权密钥等信息,如下所示:

```
♯邮件配置
spring. mail. host=smtp. qq. com
spring. mail. username=1974544863@qq. com
spring. mail. password=zsnafkzheetqcdbi
mail. send. from=1974544863@qq. com
```

其中,1974544863@qq. com 为邮箱主账号,而 zsnafkzheetqcdbi 为在 QQ 邮箱后台申请的且用于开通 SMTP/POP3 协议的授权密钥。建议读者自行用自己的邮箱开通专属于自己的授权密钥。

(二)定时任务与@ Scheduled 注解实战

定时任务表示设定某个时间频率,使程序重复不断地执行某项任务,这种技术在实际的项目开发中几乎随处可见,如"定时批量查询即将过期失效的订单,并对其做失效处理","定时批量获取一个数据库中的数据,并同步至另外一个数据库中"等都是典型案例。

接下来,将介绍如何在前文 Spring Boot 搭建的项目中使用定时任务。使用定时任务最常见的方式是通过@ Scheduled 注解来实现的,并在该注解中提供一个时间频率参数 cron 即可开启一个定时任务。除此之外,还需要在 Spring Boot 项目的启动入口类 MainApplication 中手动加入"开启定时任务调度"的注解,即@ EnableScheduling。MainApplication 启动入口类的完整代码如下所示:

```
@ SpringBootApplication
@ ImportResource ( value＝{"classpath:spring/spring-jdbc. xml"} )
@ MapperScan ( basePackages＝{"com.debug.book.model.mapper"} )
//开启定时任务调度
@ EnableScheduling
//加载自定义的配置文件
@ PropertySource({"classpath:prop/sys_config. properties"} )
public class MainApplication extends SpringBootServletInitializer {
    @ override
    protected SpringApplicationBuilder configure ( SpringApplica-
tionBuilder builder ) {
        return builder. sources ( MainApplication. class );
    }
    public static void main ( String [] args ) {
        SpringApplication. run ( MainApplication. class,args );
    }
}
```

接下来进入代码实战,编写一个简单的定时任务,用于查询获取数据库表 customer 中所有客户的数据,并采用打印日志的方式打印出所有客户信息。其 Dao 层定义查询所有客户信息的方法代码如下所示:

```
public interface CustomerMapper {
    //查询所有客户信息
    List<Customer>selectAll ();
}
```

其对应的 Mapper. xml 如下所示:

```
<select id＝"selectAll" resultType＝"com.debug. book. model. en-
tity.Customer">
select<include refid＝"Base_Column_List"/>
from customer
</select>
```

接下来编写一个定时任务类 DataScheduler,并在其中开启一个定时任务,用于批量查询所有的客户信息。其源码定义如下所示:

```
@ Component
```

```
public class DataScheduler{
    private static final Logger log = LoggerFactory. getlogger (Da-
taScheduler. class);
    @ Autowired
    private CustomerMapper CustomerMapper;
    //在线 cron 表达式链接:https://cron. qqe2. com/
    //这里表示每 5 秒执行一次任务
    @ Scheduled (cron = "0/5 * * * * ?")
public void queryBatchData () {
    try{
        log. info("--定时任务开始--");
        List<Customer>list = customerMapper. selectAll ();
        log. info ("定时批量查询到数据:{}",list);
    }catch (Exception e) {
        log. error("定时任务执行发生异常:",e);
    }
}
}
```

这里的 cron 变量取值为"0/5 * * * * ?",它表示该方法的代码将每隔 5 秒执行一次,执行的业务为批量查询所有客户信息并采用打印日志的方式打印出来。

cron 变量的取值其实就是一个 cron 表达式。对于该表达式,这里有必要做一下介绍,即 cron 表达式由 7 个部分组成,各部分用空格隔开,每个部分从左到右代表的含义如下:

Seconds Minutes Hours Day-of-Month Month Day-of-Week Year

其中,"Year"是可选的,如"0/5 * * * * ?",除了 Second(秒)部分有值以外,其他的部分代表任意取值,而"0/5"中的"/"代表"每隔多长时间执行一次"。即"0/5"表示每隔 5 秒执行一次;而" * "代表整个时间段;"?"代表不确定的值,可以认为是每月的某一天。其他关于 cron 表达式的详细介绍以及使用,读者可以自行查询相关资料。

点击运行项目,稍等片刻(大概 5 秒)之后,会发现 IDEA 控制台打印出开始执行定时任务的日志信息,同时会打印出查询所有客户信息的 SQL 以及对应的查询结果。

第十章　Spring MVC 介绍

本章首先介绍使用 Spring MVC 的优势,然后介绍 Spring MVC 的基本组件,包括 DispatcherServlet,并学习如何开发一个"传统风格"的控制器,之所以介绍传统方式,是因为不得不在基于旧版 Spring 的遗留代码上工作。对于新的应用,可以采用基于注解的控制器。

此外,本章还会介绍 Spring MVC 配置,大部分的 Spring MVC 应用会用一个 XML 文件来定义应用中所用到的 bean。

第一节　Spring MVC 概述

Spring MVC 是一个包含了 DispatcherServlet 的 MVC 框架。它调用控制器方法并转发到视图。使用 Spring MVC 的一个好处是,不需要编写 DispatcherServlet。以下是 Spring MVC 具有的能加速开发功能的列表。

(1)Spring MVC 提供了一个 DispatcherServlet,无须额外开发。

(2)Spring MVC 使用基于 XML 的配置文件,可以编辑,而无须重新编译应用程序。

(3)Spring MVC 实例化控制器,并根据用户输入来构造 bean。

(4)Spring MVC 可以自动绑定用户输入,并正确地转换数据类型。例如,Spring MVC 能自动解析字符串,并设置 float 或 decimal 类型的属性。

(5)Spring MVC 可以校验用户输入,若校验不通过,则重定向到输入表单。输入校验是可选的,支持编程方式以及声明方式。关于这一点,Spring MVC 内置了常见的校验器。

（6）Spring MVC 是 Spring 框架的一部分，可以利用 Spring 提供的其他能力。

（7）Spring MVC 支持国际化和本地化，支持根据用户区域显示多国语言。

（8）Spring MVC 支持多种视图技术。最常见的 JSP 技术以及其他技术包括 Velocity 和 FreeMarker。

第二节　Controller 接口

在 Spring 2.5 前，开发一个控制器的唯一方法是实现 org. spring-framework. web. servlet. mvc. Controller 接口。这个接口公开了一个 handleRequest ()方法。下面是该方法的签名：

ModelAndView handleRequest（HttpServletRequest request, HttpServletResponse response）

其实现类可以访问对应请求的 HttpServletRequest 和 HttpServletResponse，而且必须返回一个 ModelAndView 对象，它包含视图路径或视图路径和模。

Controller 接口的实现类只能处理一个单一动作（action），而一个基于注解的控制器可以同时支持多个请求处理动作，并且无须实现任何接口。

第三节　Spring MVC 应用

本章的示例应用程序 springmvc-intro1 展示了基本的 Spring MVC 应用，用于展示 Spring MVC 是如何工作的。

一、目录结构

图 10−1 展示了 springmvc-intro1 的目录结构。注意，WEB-INF/
lib 目录包含了 Spring MVC 所需要的所有的 .jar 文件。特别需要注意
的是，spring-webmvc-x. y. z. jar 文件，其中包含了 DispatcherServlet 的
类。还要注意 Spring MVC 依赖于 Apache Commons Logging 组件，没
有它，Spring MVC 应用程序将无法正常工作。

```
webapp
▼ WEB-INF
  ▼ classes
    ▼ controller
        InputProductController.class
        SaveProductController.class
    ▼ domain
        Product.class
    ▼ form
        ProductForm.class
    ▼ jsp
        ProductDetails.jsp
        ProductForm.jsp
    ▼ lib
        commons-logging-1.1.2.jar
        spring-beans-4.2.4.RELEASE.jar
        spring-context-4.2.4.RELEASE.jar
        spring-core-4.2.4.RELEASE.jar
        spring-expression-4.2.4.RELEASE.jar
        spring-web-4.2.4.RELEASE.jar
        spring-webmvc-4.2.4.RELEASE.jar
    springmvc-servlet.xml
    web.xml
```

图 10−1　springmvc-intro1 的目录结构

该示例应用的所有 JSP 页面都存放在\WEB-INF\jsp 目录下，确保
无法被直接访问。

二、部署描述符文件和 Spring MVC 配置文件

代码清单 10 - 1 部署描述符（web. xml）文件

```
<? xml version="1. 0" encoding="UTF-8"? >
<web-app version="3. 1"
        xmlns="http://xmlns. jcp. org/xml/ns/javaee"
        xmlns:xsi="http://www. w3. org/2001/XMLSchema-instance"
        xsi: schemaLocation=" http://xmlns. jcp. org/xml/ns/javaee
http://xmlns.jcp.org/xml/ns/javaee/web-app_3_1. xsd">
        <servlet>
                <servlet-name>springmvc</servlet-name>
                <servlet-class>
                        org. springframework. web. servlet. Dispatch-
erServlet
                </servlet-class>
                <load-on-startup>1</load-on-startup>
        </servlet>
        <servlet-mapping>
                <servlet-name>springmvc</servlet-name>
                <! --map all requests to the DispatcherServlet-->
                <url-pattern>/</url-pattern>
        </servlet-mapping>
</web-app>
```

这里告知了 Servlet/JSP 容器，笔者将使用 Spring MVC 的 Dispatcher-Servlet，并将 url-pattern 元素值配置为"/"，将所有的 URL 映射到该 Servlet。由于 servlet 元素下没有 init-param 元素，所以 Spring MVC 的配置文件在 WEB-INF 文件夹下，并按照通常的命名约定。

代码清单 10 - 2 Spring MVC 配置文件

```
<? xml version="1. 0" encoding="UTF-8"? >
<beans xmlns="http://www. springframework. org/schema/beans"
    xmlns:xsi="http://www. w3. org/2001/XMLSchema-instance"
```

```
xsi: schemaLocation = " http://www. springframework. org/
schema/beans http://www. springframework. org/schema/beans/spring-
beans.xsd">
    <bean name="/input-product"
       class="controller. InputProductController"/>
    <bean name="/save-product"
       class="controller. SaveProductController"/>
</beans>
```

这里声明了 InputProductController 和 SaveProductController 两个控制器类,并分别映射到/input-product 和/save-product。

三、Controller 类

springmvc-intro1 应用程序有 InputProductController 和 SaveProductController 这两个"传统"风格的控制器,分别实现了 Controller 接口。分别见代码清单 10 - 3 和代码清单 10 - 4。

代码清单 10 - 3　InputProductController 类

```
package controller;
import javax. servlet. http. HttpServletRequest;
import javax. servlet. http. HttpServletResponse;
import org. apache. commons. logging. Log;
import org. apache. commons. logging. LogFactory;
import org. springframework. web. servlet. ModelAndView;
import org. springframework. web. servlet. mvc. Controller;
public class InputProductController implements Controller {
    private static final Log logger=LogFactory.
    getLog( InputProductController. class);
    @ Override
    public ModelAndView handleRequest( HttpServletRequest re-
quest,HttpServletResponse response) throws Exception {
    logger. info("InputProductController called");
    return new ModelAndView("/WEB-INF/jsp/ProductForm.jsp");
```

```
        }
    }
```

InputProductController 类的 handleRequest ()方法只是返回一个 ModelAndView,包含一个视图,且没有模型。因此,该请求将被转发到/WEB-INF/jsp/ProductForm. jsp 页面。

代码清单 10 - 4　SaveProductController 类

```
package controller;
import javax. servlet. http. HttpServletRequest;
import javax. servlet. http. HttpServletResponse;
import org. apache. commons. logging. Log;
import org. apache. commons. logging. LogFactory;
import org. springframework. web. servlet. ModelAndView;
import org. springframework. web. servlet. mvc. Controller;
import domain. Product;
import form. ProductForm;
public class SaveProductController implements Controller {
    private static final Log logger = LogFactory.
    getLog ( SaveProductController. class );
    @ Override
    public ModelAndView handleRequest ( HttpServletRequest request,
HttpServletResponse response) throws Exception {
    logger. info ("SaveProductController called");
    ProductForm productForm = new ProductForm ();
    //populate action properties
    productForm. setName (request. getParameter ("name"));product-
Form. setDescription ( request. getParameter ("description"));
    productForm. setPrice ( request. getParameter ("price"));
    //create model
    Product product = new Product ();product. setName (product-
Form. getName ());product. setDescription ( productForm. getDescription ());
    try {
        product. setPrice (
            Float. parseFloat ( productForm. getPrice ()));
```

```
        } catch ( NumberFormatException e ) {
        }
// insert code to save Product
    return new ModelAndView ( "/WEB-INF/jsp/ProductDetails.
jsp","product",product );
        }
}
```

SaveProductController 类的 handleRequest ()方法中,首先用请求参数创建一个 ProductForm 对象;然后,它根据 ProductForm 对象创建 Product 对象。ProductForm 的 price 属性是一个字符串,而其在 Product 类中对应的是一个 float,此处类型转换是必要的。

SaveProductController 的 handleRequest ()方法最后返回的 Model-AndView 模型包含了视图的路径、模型名称以及模型(product 对象)。该模型将提供给目标视图,用于界面显示。

四、View 类

springmvc-intro1 应用程序中包含两个 JSP 页面:ProductForm. jsp 页面(见代码清单 10 - 5)和 ProductDetails. jsp 页面(见代码清单 10 - 6)。

代码清单 10 - 5　ProductForm. jsp 页面

```
<! DOCTYPE html>
<html>
<head>
<title>Add Product Form</title>
<style type="text/css">@ import url ( css/main. css );</style>
</head>
<body>
<div id="global">
<form action="save-Product" method="post">
    <fieldset>
        <legend>Add a product</legend>
        <label for="name">Product Name:</label>
```

```
            <input type="text" id="name" name="name"
value=" " tabindex="1">
            <label for="description">Description:</label>
            <input type="text" id="description" name="de-
scription" tabindex="2">
            <label for="price">Price:</label>
            <input type="text" id="price" name="price"
tabindex="3">
            <div id="buttons">
                <label for="dummy"> </label>
                <input id="reset" type="reset" tabindex="4">
                <input id="submit" type="submit" tabindex="5"
value="Add Product">
            </div>
        </fieldset>
    </form>
    </div>
    </body>
    </html>
```

此处不适合讨论 html 和 CSS,但需要强调的是代码清单 10-5 中的 html 是经过适当设计的,并且没有使用<table>来布局输入字段。

代码清单 10-6 ProductDetails. jsp 页面

```
<! DOCTYPE html>
<html>
<head>
<title>Save Product</title>
<style type="text/css">@ import url(css/main. css);</style>
</head>
<body>
<div id="global">
    <h4>The product has been saved. </h4>
    <P>
        <h5>Details:</h5>
```

Product Name: $(product. name)
      Description: $(product. description)
      Price: $(product. price)
    </P>
  </div>
  </body>
  </html>

ProductDetails. jsp 页面通过模型属性名"product"来访问由 Save-ProductController 传入的 Product 对象。这里用 JSP 表达式语言来显示 Product 对象的各种属性。

第四节　视图解析器

Spring MVC 中的视图解析器负责解析视图,可以通过在配置文件中定义一个 ViewResolver(如下)来配置视图解析器。

<bean id="viewResolver" class="org. springframework. web. servlet.view.InternalResourceViewResolver">
    <property name="prefix" value="/WEB-INF/jsp/"/>
    <property name="suffix" value=". jsp"/>
</bean>

视图解析器配置有前缀和后缀两个属性。这样一来,view 路径将缩短。例如,仅需提供"myPage",而不必再将视图路径设置为/WEB-INF/jsp/myPage. jsp,视图解析器将会自动增加前缀和后缀。

以 springmvc-intro2 应用为例,该例子同 springmvc-intro1 应用类似,但调整了配置文件的名称和路径。此外,它还配置了默认的视图解析器,为所有视图路径添加前缀和后缀,如图 10－2 所示。

```
webapp
  WEB-INF
    classes
      controller
        InputProductController.class
        SaveProductController.class
      domain
        Product.class
      form
        ProductForm.class
    config
        springmvc-config.xml
    jsp
        ProductDetails.jsp
        ProductForm.jsp
    lib
        commons-logging-1.1.2.jar
        spring-beans-4.2.4.RELEASE.jar
        spring-context-4.2.4.RELEASE.jar
        spring-core-4.2.4.RELEASE.jar
        spring-expression-4.2.4.RELEASE.jar
        spring-web-4.2.4.RELEASE.jar
        spring-webmvc-4.2.4.RELEASE.jar
    web.xml
```

图 10 - 2　springmvc-intro2 文件结构

　　springmvc-intro2 中,Spring MVC 的配置文件被重命名为 spring-mvc-config. xml,并移动到/WEB-INF/config 目录下。为了让 Spring MVC 可以正确加载到该配置文件,需要将文件路径配置到 Spring MVC 的 DispatcherServlet 中。代码清单 10 - 7 显示了 springmvc-intro2 应用的部署描述符(web. xml 文件)。

　　代码清单 10 - 7　springmvc-intro2 应用的部署描述符

＜? xml version＝"1. 0" encoding＝"UTF-8"? ＞

＜web-app version＝"3. 1"

　　　　xmlns＝"http://xmlns. jcp. org/xml/ns/javaee"

　　　　xmlns:xsi＝"http://www. w3. org/2001/XMLSchema-instance"

　　　　xsi:schemaLocation＝" http://xmlns. jcp. org/xml/ns/javaee

```
http://xmlns.jcp.org/xml/ns/javaee/web-app_3_1.xsd">
    <servlet>
        <servlet-name>springmvc</servlet-name>
        <servlet-class>
            org.springframework.web.servlet.DispatcherServlet
        </servlet-class>
        <init-param>
            <param-name>contextConfigLocation</param-name>
            <param-value>
                /WEB-INF/config/springmvc-config.xml
            </param-value>
        </init-param>
        <load-on-startup>1</load-on-startup>
    </servlet>
    <servlet-mapping>
        <servlet-name>springmvc</servlet-name>
        <url-pattern>/</url-pattern>
    </servlet-mapping>
</web-app>
```

需要特别注意的是 web.xml 文件中的 init-param 元素。要使用非默认配置文件的命名和路径,需要使用名为 contextConfigLocation 的 init-param,其值应为配置文件在应用中的相对路径(见代码清单 10 - 8)。

代码清单 10 - 8 springmvc-intro2 的配置文件

```
<?xml version="1.0" encoding="UTF-8"?>
<beans xmlns="http://www.springframework.org/schema/beans"
    xmlns:xsi="http://www.w3.org/2001/XMLSchema-instance"
    xsi:schemaLocation="http://www.springframework.org/schema/beans http://www.springframework.org/schema/beans/spring-beans.xsd">
        <bean name="/input-product"
            class="controller.InputProductController"/>
```

```xml
        <bean name="/save-product"
            class="controller. SaveProductController"/>
        <bean id="viewResolver" class="org. springframework.
web.servlet.view.
        InternalResourceViewResolver">
            <property name="prefix" value="/WEB-INF/jsp/"/>
            <property name="suffix" value=". jsp"/>
        </bean>
    </beans>
```

参考文献

[1]周忠宝,郑龙,王浩,等.Java Web 程序设计[M].长沙:湖南大学出版社,2019.

[2]颜群,刘利.Java Web 应用开发[M].北京:电子工业出版社,2021.

[3]朱林,王梦晓,黄卉.Java Web 程序设计精讲与实践——基于电子商务平台开发[M].北京:北京邮电大学出版社,2019.

[4]肖锋.Java Web 应用开发基础[M].北京:清华大学出版社,2022.

[5]孙卫琴.精通 Spring Java Web 开发技术详解[M].北京:清华大学出版社,2021.

[6]罗旋,李龙腾.Java Web 项目开发实战[M].武汉:华中科技大学出版社,2021.

[7]梁永先,陈滢生,尹校军.Java Web 程序设计[M].北京:人民邮电出版社,2020.

[8]王斐,祝开艳.Java Web 开发基础——从 Servlet 到 JSP[M].北京:清华大学出版社,2019.

[9]罗刚.Java 轻量级 Web 开发深度探索[M].北京:清华大学出版社,2021.

[10]周化祥,许金元.Java 高级程序设计[M].北京:人民邮电出版社,2021.

[11]赖小平,林显宁.Java 程序设计[M].2 版.北京:清华大学出版社,2021.

[12]李丹.Java Web 编程技术[M].西安:西安电子科技大学出版社,2021.

[13]圣文顺,李晓明,刘进芬.Java Web 程序设计及项目实战[M].北京:清华大学出版社,2020.

[14]陈磊,徐受蓉.JSP 设计与开发[M].3 版.北京:北京理工大学

出版社,2019.

[15]陈香凝. Java Web 编程技术——JSP＋Servlet＋MVC[M]. 天津:天津大学出版社,2019.

[16]朱庆生,古平. Java 程序设计[M]. 2 版. 北京:清华大学出版社,2017.

[17]朱智胜. Spring Boot 技术内幕:架构设计与实现原理[M]. 北京:机械工业出版社,2020.

[18]张子宪. Spring Boot 技术实践[M]. 北京:清华大学出版社,2021.

[19]莫海. Spring Boot 整合开发实战[M]. 北京:机械工业出版社,2021.

[20]饶仕琪. Spring Boot 应用开发实战[M]. 北京:清华大学出版社,2021.

[21]高洪岩. Spring Boot＋MVC 实战指南[M]. 北京:人民邮电出版社,2022.

[22]李兴华. Spring 实战开发[M]. 北京:清华大学出版社,2019.

[23]陈莲. 基于 Java 的 Web 开发技术[J]. 电子技术与软件工程,2021(16):43－44.

[24]王瑞东. Java web 软件框架技术探讨[J]. 中国新通信,2019,21(9):46.

[25]蔡金华. 基于 Java 的 Web 开发技术[J]. 电子技术与软件工程,2019(6):53－54.

[26]王归航. 基于 Java 的 Web 开发技术的探讨[J]. 信息系统工程,2018(7):95.

[27]翁春荣. 浅谈 JSP 的网络数据库连接技术及运用[J]. 网络安全技术与应用,2021(8):51－52.

[28]吴周霄,郑向阳. 基于 JSP 技术的动态网页开发技术[J]. 信息与电脑(理论版),2018(8):13－15.

[29]张明亮. JSP 技术在互联网软件中的应用优势研究[J]. 软件工程,2019,22(10):19－21,6.

[30]葛萌,欧阳宏基,陈伟. 改进 JDBC 框架的研究与应用[J]. 计算机系统应用,2021,30(6):107－111.

[31]韩兵,江燕敏,方英兰. 基于 JDBC 的数据访问优化技术[J]. 计算机工程与设计,2017,38(8):1991－1996,2031.

[32]刘双. Spring 框架中 IOC 的实现[J]. 电子技术与软件工程，2018(21):231.

[33]邓文艳. 基于 Spring 的数据库访问技术研究[J]. 科技创新导报,2018,15(27):155 - 156.

[34]梁弼,王光琼,邓小清. 基于 Spring 框架的 Web 应用轻量级 3S 解决方案[J]. 西华大学学报(自然科学版),2018,37(3):78 - 82.